能力的
THE TRAP OF

黄震炜 编著

CAPABILITY
陷阱

中国纺织出版社有限公司

内 容 提 要

能力是一种优势，同时也是一个陷阱。某一方面的能力越突出的人，越容易遭遇"能力陷阱"。任何一项职业都有天花板，我们不要一直困于自己熟悉或者擅长的领域内，因为在熟悉的领域里，我们会更看不清自己，或者是跳不出舒适圈，所以要想提升自己的做事能力，找到全新的自己，就要跳出舒适圈，去不断突破和挑战自我。

本书立足于"个人能力提升"问题，讲述的是一个如何跳出舒适圈、突破自我、实现新的蜕变的思路，并告诫我们在职业生涯中一定要带着探索的精神去做一些有挑战性的尝试。本书旨在帮助我们提高认知、提升能力，进而应对未来更为激烈的市场竞争，最后希望本书能对广大读者有所帮助。

图书在版编目（CIP）数据

能力的陷阱 / 黄震炜编著 .-- 北京：中国纺织出版社有限公司，2024.2
ISBN 978-7-5229-1053-6

Ⅰ.①能… Ⅱ.①黄… Ⅲ.①成功心理—通俗读物 Ⅳ.①B848.4-49

中国国家版本馆CIP数据核字（2023）第184775号

责任编辑：张祎程　　责任校对：高　涵　　责任印制：储志伟

中国纺织出版社有限公司出版发行
地址：北京市朝阳区百子湾东里A407号楼　邮政编码：100124
销售电话：010—67004422　传真：010—87155801
http://www.c-textilep.com
中国纺织出版社天猫旗舰店
官方微博 http://weibo.com/2119887771
天津千鹤文化传播有限公司印刷　各地新华书店经销
2024年2月第1版第1次印刷
开本：880×1230　1/32　印张：6
字数：105千字　定价：49.80元

凡购本书，如有缺页、倒页、脱页，由本社图书营销中心调换

前言

有人说，人生处处是陷阱，无论是在职场还是商场中都是如此，要过好我们仅此一次的一生不是简单的事情。能力弱、技不如人，就会处处受限。显而易见，我们都不希望这样，所以我们每个人都在追求上进，努力地提升自己的专业能力，使自己不至于在激烈的竞争中被淘汰。如果太过强调专业能力，以至于这个岗位没人能取代你，那么估计这个岗位就是你职业的"天花板"了。事实上，任何职业都有"天花板"，当你发现自己大量的时间都花在了日常琐事上，这就表明你正在陷入这种能力陷阱。

那么，什么是能力陷阱呢？

能力陷阱，是"全球50大管理思想家"之一的埃米尼亚·伊贝拉在《能力陷阱》一书中提出的概念。伊贝拉提出："能力是一种优势，同时也是一个陷阱。你在某一个方面经验越多，越容易陷入能力陷阱，以致你在其他方面无法突破，这就是'能力陷阱'。"

那么我们该怎么办呢，难道真的是寸步难行了吗？当然

○ 能力的陷阱

不是，我们将在书中阐述一种简单的应对策略——先行动再思考，也就是说不要根据自己的能力限制和规划自己的职位，而是要根据自己想要达到的人生目标来发现自己各方面的能力。

资深职业规划师也指出，如果你想要破解能力陷阱，获得更多更好的发展，就要从日常琐事中解脱出来，转变到进行更多的策略性思考、在日常工作外建立人际关系网络、提升影响力等能够给你持续带来价值的工作上。

的确，当今世界日新月异，无论是知识的更新换代还是技术的进步之快，都是我们无法想象的，要跟上时代的步伐，我们只有不断学习，不断地蜕变。美国著名主持人拉里·金曾邀请全美四十三位精英人士参加自己的节目，讨论的话题是如何迎接未来社会的变化，他希望这些精英们能给出一些建议。结果他发现，这些精英人物提到最多的字眼就是"改变"和"学习"。基于这些想法，拉里·金去了一趟图书馆，在那些年龄足有百岁的老式报纸中，他发现，人们在一百年前就给出了类似的箴言，就连那些字眼都一样。科学家约翰·西里·布朗也提到，人类首先要学会如何去学习，然后学会如何去喜爱学习新事物。

什么导致了能力陷阱和社交陷阱？如何避免这些陷阱？

前言

不得不说，世界上绝大多数人都要工作，有人日复一日地重复着琐碎与枯燥的工作，有些人却能挣脱枷锁，成功地实现财务、心灵的自由。其中的差距，就在于你能不能大胆尝试自己之前没有做过的事情，能不能走出舒适圈，去突破能力的"天花板"。只有这样，我们才能在不断变化的时代和职场环境中，拥有真正的看家本领。

这就是本书接下来要分析的所有内容，本书指出了我们职业生涯中最容易被我们忽略，但又非常重要的三个障碍——能力障碍，人际关系障碍，真实性障碍。要避免这些障碍，我们就要做到：从重新定义工作，到改变做事的方式，从而由外而内地提升我们的能力。总之，个人发展靠的就是坚持积累，在短期时间内，其实是看不出成就的，因为我们随时可能会被困难和琐事绊倒；但是从长期来看，一点一滴地积累，就会变成必要的回报。所以，不要害怕去挑战未知的事情，要相信自己跟他人是一样的，慢慢积累成绩，终有一天，你会看到自己站在巅峰处。

编著者

2023年6月

目录

第 01 章 自我审视，能力是优势也是陷阱　▶▶001

什么是能力陷阱　003
突破，需要从改变你的意愿开始　007
先行动再思考，破除能力陷阱　011
时时充电，才能拥有纵横职场的资本　016
一纸文凭并不代表高能力，有技能才能走遍天下　020
一旦自我设限，你就失去了进步的可能　023

第 02 章 保持开放的心态，不断学习提升自我　▶▶027

保持空杯心态，能让你收获更多　029
从现在开始为五年后的你谋划　033
与时俱进，不断学习是避开能力陷阱的重要手段　037
做好职业定位，为自己量身打造一个充电计划　041
为自己寻找一个行为上的恩师和榜样　044
不懂就问是一种良好的工作和学习态度　048

第 03 章 | 跳出你的舒适圈，主动挑战未知和全新的事物 ▶▶053

越是优秀的人越努力	055
改变自己就要学会接受新事物	058
请认真听一听内心真实的声音	062
不断学习新技能，适应新需要	065
找到自己的优势，别纠结于所谓的"短板"	070
多方面提升自己，才能在职场抬高自己的身价	075
没有冒险的人生，就没有任何进步	079

第 04 章 | 摆脱关系陷阱的束缚，扩大你的人脉圈 ▶▶083

思维定式会造成人际交往陷阱	085
想出人头地，就不要拘泥于现在的圈子	089
跳出人际关系的陷阱，多结交优秀的人	094
我们都很"自恋"且"懒惰"	096
寻找你的人际关系"结构洞"	100
如何搭建你的多维人脉网	104
在公司内外建立人际关系网	109
组织聚会让关系更加稳固	113
多结交一些非同道中人	117

目录

精选你的朋友与圈子　　　　　　　　　　121

第 05 章 | 自我突破，试着朝更多不同的方向发展自己　　▶▶ 127

即使你很优秀，这也还不够　　　　　　　129
你说的追求知足，不过是不思进取的借口　132
多学一门技艺，为职业生涯上一份双保险　136
学习最前沿的知识，用最快的速度修正自己的发展方向　141
主动担当大任，提升你的工作能力　　　　145
人要像水一样有很强的适应能力　　　　　149

第 06 章 | 职业瓶颈期，如何合理规划未来的道路　　▶▶ 153

职场倦怠期来临，如何突破　　　　　　　155
职场充电，并不是盲目参加培训　　　　　159
犹豫是否该跳槽时如何选择　　　　　　　163
不要在不值得留恋的地方耗尽精力　　　　168
做好职业规划，目标明确再跳槽　　　　　173
跳槽跳错，该如何"解套"　　　　　　　177

参考文献　　　　　　　　　　　　　　181

003

第01章

自我审视,能力是优势也是陷阱

能力的陷阱，是"全球50大管理思想家"之一的埃米尼亚·伊贝拉在《能力陷阱》一书中提出的概念。所谓能力的陷阱，指的是你在某一个方面经验越多，越容易无法再突破。现代社会中的任何人，都要有危机意识，要保持学习，因为没有任何一项技能是永远不过时的，我们只有不断更新自我观念、储备知识和提升技能，才能时刻占据竞争中的优势地位。

什么是能力陷阱

在生活和工作中，我们会发现，大多数人乐于做自己擅长的事，一方面是因为驾轻就熟，不容易出问题，另一方面则是因为更容易获得成就感。这就形成了一个正向循环，因为做的次数多，所以更擅长；因为擅长，所以就更愿意去做，这就是能力陷阱。

这样的一个循环，能让我们在这方面获得更多的经验，却忽视了培养其他同样重要的能力，从而走向失败。

简单来说，就是人们只愿意做自己擅长的事情，划定一亩三分地，不愿意做超出自己能力的事情，从而逐渐丧失其他能力，当外界环境的变化使得我们擅长的事情不再有价值，不再能让我们赖以生存时，我们将无法获得最终的成功。

亚当·斯密在《国富论》中指出："分工的发展，把工人的一生消磨在少数单纯的操作上，他们的智力不能发挥，他们因而变成最愚钝、最无知的人……工人单调而无变化的工作，消磨了他们精神上的勇气，毁坏了他们肉体上的活动。"

能力的陷阱

这种现象，不只是在工厂流水线上存在，即便是高档写字楼里，也同样有很多机械、重复性的工作，消磨着打工人的热情和创造力。

在这样的岗位上，一个人就是一颗"螺丝钉"，每天重复着一套流程和动作，也许你已经能做得特别顺畅，但是这些工作还是耗尽了你所有的精力，使你很难提起提升自己的欲望。

而当有一天，这颗"螺丝钉"被消磨损坏的时候，对于企业来说，只要换一颗新的就好了。

资深职业规划师赵晓璃曾提出过一个叫"深井迷局"的概念。

一些在专业性很强的工作中专业能力很出色的人，他们常年只关注某个领域，他们所有的知识结构和能力都用到了这一领域内，这就好比一个挖井的人，他挖得最深、挖到的井水最多，但是如果井外发生了不可抗拒的变动，那么越是在井下的人，越是难爬出井口脱离危险。同样，在某一方面的能力越突出的人，越容易遭遇"深井迷局"。

曾有一个38岁的某公司技术总监找她咨询。

此人从大学毕业后就一直供职于这家公司，他从最基层的技术人员做起，一路晋升到现在的总监职位，他也一直以为自己会在这个岗位上做到退休。

但是他根本没想到，近几年来，随着行业逐渐没落，公司的订单量呈断崖式下滑，他想换工作，但他所在领域的专业性太强，很难迁移到其他行业，所以行业的衰落，也让他的职业生涯陷入了尴尬境地。

"能力陷阱"让人永远局限于自己的一亩三分地，变成一个故步自封的人。长期只做自己擅长的事情，会有两个结果：一种是在这件事情上不断进步，成为顶尖高手；另一种是在这件事情上反复重复，更熟练，但没太多进步。

事实上，成为顶尖高手的是极少数人，而大部分人都只是在简单重复，浪费了很多时间而已。也就是说，大部分人都花费了大量的时间，满足于低层面的成就感，让自己停留在一个舒适区中，原地踏步。两三年过去了，回头一看，自己一直都在做着同样的重复工作，这是多么可怕！只做自己擅长的事情，对于不擅长的事情便不感兴趣、也没有时间做，导致自己视野狭小，不能全面地看待问题。

比如，作为企业员工，如果只专注于研发，不喜欢和销售、客户打交道，那就无法知道产品到底哪些地方最吸引客户，客户最需要哪些新功能。如果只关注产品本身的问题，那么他们天天面对的问题，也许并不是用户关注的重点，对产品没有全面理解的人，又怎么能开发出客户认为好用的产品？当

能力的陷阱

企业或者行业发生变革时,单一的能力,面对的生存环境是脆弱的,裁员降薪概率就比较大。

关于"能力陷阱",有人曾说过:"如果陷在自己擅长的工作中,会侵占更为重要的策略性思考时间,最终我们的能力会成为我们发展的陷阱。"

很多人以为,只有做到了管理者的位置,才需要做策略性的思考。

事实上,一个人在任何阶段都有需要沉淀的东西。

对于管理者来说,他需要思考组织层面、行业层面的问题,需要用一些额外的时间处理意外事件,以免这些意外打乱了自己原本的节奏;对于普通员工来说,则需要思考自己的收获与不足、思考自己感兴趣的东西,需要花时间提升自己的综合能力。

总之,在充分竞争的行业里,一个人的核心竞争力不能只是在擅长的领域做出深度,我们更要拓展知识的宽度、打开能力的边界,从而提升自己的综合能力,做不可替代的复合型人才。

突破，需要从改变你的意愿开始

我们必须要有突破和改变的意愿。

老何在现在的这家公司已经工作了15年之久，2007年毕业时就效力于此，他进来的时候职位是职员，到现在为止，也只晋升了一级，做到了经理的职位，这么多年来他的抱怨声越来越大，苦苦寻求改变却又不愿改变。

每次老何跟老朋友聊到自己的工作时，总是一把鼻涕一把泪，说自己在公司付出这么多年与自己得到的回报不成正比，然而每次有机会跳槽时，老何却迟迟犹豫不决，直到现在他仍在原来的公司工作。

无独有偶，另一家公司开周一例会，领导顺嘴让坐在边上的小李去写一篇文章，然后发到公司的主页上去，没想到小李直接拒绝说："这事我没做过，我干不了。"小李之所以这样说，是因为她是行政专员，她擅长处理的是公司日常琐碎工作，而写文章是文案的工作，并不在她的职责范围内，但由于

● 能力的陷阱

文案员刚离职，还没招上人，于是领导就打算暂时让小李接下这项工作，没想到小李却直接回绝了，这让领导很下不来台。

也许小李的理由是很充分的，一个萝卜一个坑。但我们不妨从另一个角度来想，多好的一个从行政转文案的工作机会就这样白白从小李的手上溜走了。当一个人太专注于自己一亩三分地的能力范围时，往往很容易忽略掉很多重要的变通机会。所以说，真正拖累你的不是困难，而是你擅长的事情。

小李只愿意做自己行政范围内的事务，拒绝领导另外安排的文案工作，使得她在其他能力，比如文字组织能力、品牌宣传能力、沟通协调能力等方面得不到进一步的锻炼和培养，也失去了从无价值的琐碎事务中跳脱、塑造技能型核心竞争力的机会，最终将难以突破自我，寻得更高的发展。

可见，能力陷阱的破解之法掌握在自己手中，如果纠结的问题是做擅长的事情到底好不好，那么答案肯定是好的；但是为了一件事花费了你五年、十年的时间，最后完成了这件事情，你获得的价值跟投入也不成正比。

据网上报道，企业80%的员工认为自己当前的能力不能满足下一个岗位的要求，所以迟迟不敢跳出当前舒适区。

曾经有人做过调查，询问企业老员工是否愿意尝试改变，让自己发展多种技能，拥有更多的竞争力，很多人都说愿意尝试改变，但是其中90%的人最终都没有改变成功。

比如说，有个年轻人在一家公司做品质工程师，他的未来规划是花3~5年的时间做到主管以上的管理职位，所以他接下来就花了更多的时间在积累项目经验上，而在品质技能、行业动向上却没有花时间精进。

结局很可惜，他最后并没有如愿，原因是公司战略转型，开启了新的业务线，但是他只会做旧业务的工作，所以只好继续在基层打拼。

这个年轻人因花费太多时间做重复的事情，结果新的专业技能完全没有储备，他最初没有考虑到多重发展机会，最后陷入了单一能力的漩涡。

所以说，陷入了能力陷阱，就相当于阻断未来发展之路。

一般来说，一个岗位通常在2~3年就可以轻车熟路地做好，找到规律之后，工作开展起来会比较得心应手，甚至还会带来短期的满足感。

当你陷入一项能力的陷阱之后，就慢慢会养成利用某一项技能的惰性，并且沉浸其中不愿醒来，从而不愿意去学习其他的技能。要改变这种现状，唯有改变自己的意愿。首先，要认识到能力的陷阱对于个人发展的阻碍；其次，要避免职业生

○ 能力的陷阱

涯中最容易被我们忽略，但又非常重要的三个障碍——能力障碍，人际关系障碍，真实性障碍。总的来说，改变的力量就在我们自己手中，只要你有改变的意愿和行动，就能有所突破。

先行动再思考，破除能力陷阱

对于能力陷阱，可能很多人会产生疑问：难道我们就无能为力了吗？当然不是，最为简单的应对策略是先行动再思考，也就是说不要根据自己的能力来限制和规划自己的职位，而是要根据自己理想的人生目标来发展自己的各方面能力，以下是几点建议。

1.重新定义你的工作——破除能力陷阱

我们不要被自身的优势和最擅长的技能禁锢住了，更应该思考的是"我们应该做出一些什么样的改变"。

为此，你应多做以下事情：

（1）你不应受困于公司内部的琐事，而应连接不同的人或者组织，多连接外部资源，也不必事必躬亲，而应留出时间来培养自己其他方面的能力。

（2）思维有远见。比如，日本提倡预防医学第一人、全世界执业时间最久的医师之一——日野原重明，他在做医院改革的时候，坚持要把走廊做得非常宽敞，当时人们是无法理解

○ 能力的陷阱

的，但重明坚信自己在美国学到的先进理念，所以坚持自己的"远见"，最终证明自己是对的。

（3）改变你的日常工作安排。越是在忙碌的时候，越需要空出一些时间来应对一些意想不到的事情，与此同时，暂时先不用减少太多过去的旧工作。只有当新角色开始发挥效果时，你才会有动力放手从前那些阻碍你进步的日常工作。

2. 建立良好的人际关系网络——破除人际交往陷阱

我们在人际交往中，容易出现两种不好的交往理念——"自恋原则"与"懒惰原则"。

受自恋原则支配的人，会容易被那些与他们性格、背景相似的人吸引。以至于他们身边的朋友都跟他们自己差不多，这样不利于看到自己的盲点，也对自己的提升帮助不大。

受懒惰原则支配的人，会接触那些与自己地理位置相近的人，因为这样相对而言更轻松，不需要付出太多努力。

此外，许多人认为，人际网络本质是虚伪的，认为是在"利用别人"，认为带有目的性的人际交往让自己变得功利、"不干净"，从而拒绝主动与人交往。

类似的情况还有：认为人际关系网络不具有实质性，认为经营人际关系网络耗时太长，认为人际关系应该自然而然建立而不需要刻意经营等。

这些认知都会导致人们陷入人际关系的陷阱。它让你和你的团队都经不起外界环境的变化冲击，留守在一个既舒适又封闭的圈子里，最终被突发情况打个措手不及。

但优秀者则不这样认为。领英的创始人里德·霍夫曼曾经说过，扩展人际关系就像使用牙线清洁牙齿一样，一点也不好玩，但是很重要。

我们利用人际关系网络感知发展趋势并寻找机会，与各领域的人才建立联系，跨领域合作以创造更多价值，避免陷入单一的、统一的群体性思维。借助这些拓展性关系，我们得以提出更多的突破性想法，并获取工作机会。

3. 改变你做事的方法——破除真实性陷阱

我们很多人都会说要做真实的自己，沟通的第一要义也是展现真实和真诚，但如果理解稍微有偏差，就会变成一个限制性信念，会把自己局限其中而不自知。

我们该如何成为更好的自己呢？

（1）做个"随机应变者"，这样就能自如地适应环境的需求，同时不会产生一种觉得自己很虚伪的内疚感。当然还要有核心的自我价值观和目标，不担心转变会对自己的信仰造成影响。

● 能力的陷阱

（2）像艺术家一样"偷"师学艺。成功是先要从模仿起步的。

（3）灵活地讲述你的故事。也就是包装宣传自己，要把自己好的一面展现出来。

另外，我们需要明白，实现能力突破，需要经历以下五个阶段：

阶段一：发现差异。

成年人的学习和改变大多数时候都是从对自己不满意，或是觉得迷茫开始的，他们发现了自己的期望与别人的评价之间的差异。而这个差异往往能激励他们开始行动。

阶段二：只加不减。

很多人在开始练习一些新技能的时候，会发现自己比以前忙很多。因为我们不会立即中断从前那些有价值的工作，只有当新工作获得足够回报并能让我们坚持下去后，我们才会减少之前的工作。

阶段三：混乱迷茫。

个人改变的道路都是曲折的。我们都天真地希望改变过程是不断前进的，可也都清楚地知道这是不现实的。也许是因为自己的决心无法支持我们继续完成改变，也许是因为身边的人认为我们做不到，或是不认可我们的改变。这些压力都会消磨我们想改变的决心。

阶段四：重新设定前进方向。

混乱迷茫阶段产生的那些困惑，使得我们回过头来重新审视自己之前所定下的目标。因为在设定它们的时候，我们并没有考虑到新的行为方式符不符合我们的目标，所以有时我们不得不改变目标。这个时候，我们开始把外在表现力内在化——反思、修改，再设定一条正确的前进方向。

阶段五：内在化，从术到道的过程。

内在化是改变的必经之路，它能帮助人们从所知及所做进一步走向认识自己。比如，一名管理者也许知道，在他演讲时不应该只是对稿念，而是应该用一种富有激情的演讲方式来感染员工。但如果他将这种鼓舞人心及关心员工的价值观内在化，他将比之前更能展现出激情和感染力，因为这种演讲方式符合他的价值观。

总之，实现各方面能力的突破并不是一件容易的事，因为离开舒适区、获得新的能力，需要我们挑战自我，给自己进行一场全新的革命，不过，遵循以上几个方面的建议，对你会大有帮助。

○ 能力的陷阱

时时充电，才能拥有纵横职场的资本

当今社会，创新已经成为企业、社会、国家发展的重要主题，每一个角落都需要知识、需要创新、需要正确决策、需要科学管理。"活到老，学到老"这句话对于现代社会的人们，尤其是职场人士来说，有着更深一层的意义。

身处职场，如果没有过硬的职场拼杀本领，那么，职场的位置可就"风雨飘摇"了。无论是拿出业余时间去深造，还是在工作中不断学习，作为职场人士，我们都应该展开思索与行动，为自己量身打造一个充电计划，并最终拥有纵横职场的能力。

在充电之前，要做好职业定位。

某日，一位管理学教授为一群大学生讲课。上课接近尾声时，教授拿出一个两升的广口瓶放在桌上，说："我们最后来做个小实验。"随后他取出一堆拳头大小的石块，把它们一块块地放进瓶子里，直到石块高出瓶口再也放不下了才停下。此时他问："瓶子满了吗？"所有的学生都回答："满了。"他反问："真的吗？"说着他从桌下取出一桶砾石，倒了一些进去，并敲击玻璃瓶壁使砾石填满石块的间隙。"现在瓶子满了吗？"这一次学生有些明白了。"可能还没有满。"一位学生说道。"很好！"他伸手从桌下又拿出一桶沙子，把它慢慢倒进玻璃瓶。沙子填满了石块的更多间隙。他又一次问学生："瓶子满了吗？""没满！"学生们大声说。然后教授拿一壶水倒进玻璃瓶，直到水面与瓶口齐平。

从这个哲理故事中，我们得知，人生就好比这个瓶子，必须先把你生命中的大石块放进去，然后放砾石、沙子、水，这个次序不能颠倒，否则，大石块就永远放不进去了。信念、学识、技能、事业都是生命中的大石块，要趁着年轻力壮，把这些东西学好用好，稳妥地放进自己的瓶子里，再从容地去休闲、游玩、消遣。否则，年纪轻轻就先忙着吃喝玩乐，不干正事，不务正业，那就等于瓶子先装了一堆无关紧要的砾石、沙子，等醒悟过来，想装大石块时，已为时过晚，只能空叹"少壮不努力，老大徒伤悲"。

我们任何一个人，都要认识到当今社会竞争的激烈，要想在竞争中胜出，必须让自己的专业技能随时保持在巅峰的状态。为此，我们要对自己的技能层次时时保持警觉，并且探寻能够让你的专业技能更上一层楼的机会。通过阅读、聆听、训练以吸取新的经验。另外，我们要知道，在学校里获取的教育仅仅是一个开端，其价值主要在于训练思维并使我们适应以后的学习和应用。

如何给我们自己充电呢？具体来说，我们需要做到：

1. 找好充电的切入点

作为一名工作多年的职场人士，不一定要像职场新人一样，为了多多益善的证书而付出过多的精力。你要做的，就是找好充电切入点：一是学习职业所需、极其实用的技能，二是培养本职工作能力。

2. 充电是为了更好地敬业

找到一份工作不容易，能"站住脚"更难。如果因为继续深造耽误了目前的工作，与敬业精神就不符，那么就不会有相应的业绩；没有业绩，怎么保证以后能找到更好的职位呢？所以说，充电和敬业不该有任何冲突，充电是为了更好地敬业。

3. 身边值得学习的东西是你最好的充电材料

深造不一定要脱离现在的工作，更没必要脱产走回学校。因为年龄、经济等条件不允许，我们不可能再走回纯粹的

第01章 自我审视，能力是优势也是陷阱

学生时代。随用随学，做有心人，留心身边的人和事，学会随时发现生活中的亮点，并注意总结别人的成功经验，拿来为自己所用，这可能是生活和工作中能让自己进步最快的一招。

跟上时代，并让自己生活有趣、谈话有料的上上之策，就是给自己充电。每个想要越变越好的人，都希望能够扩大知识领域，并从中获得启示。知识不仅是力量，而且像一面镜子一样可以照见自己的优缺点，让我们不仅拥有自知之明，还能具有先见之明。终身学习，是每一个职场人士的必修课，只有坚持学习，才能成为一个心智丰富且具有良好世界观的职场精英。

◯ 能力的陷阱

一纸文凭并不代表高能力，有技能才能走遍天下

我们都知道，无论何时，知识都能改变命运，但知识与学历不是同一概念，尤其是近些年来，大学生数量之多，使得大学生的含金量越来越低，大学生的头衔也不再稀缺，供过于求的局面使得大学生不再是香饽饽。找工作难使很多家庭都感到非常迷惘，为此，很多年轻人发出感慨：上大学没有用，还不如直接挣钱呢！

事实上，知识无用论，在一些欠发达地区已经成为老生常谈。虽然这种观点是完全错误的，暴露出很多知识贫瘠的家庭对于学习的局限认识，但是在现代社会，真的未必只有读大学一条路可走。

不要以为只有坐在写字楼里的办公椅上的时候，才算对自己的生命拥有了设计和规划的权利，即使做的是再卑微的工作，你都可以从中找到锻炼自己能力的机会。越是在困境中的人，越应当努力完成这种自我经营，否则，上坡路不好走，往

下滑却容易得很。

现代社会，大学再也不是接受教育的唯一方式，很多人哪怕已走上工作岗位，只要自身有学习的欲望，也可以通过在线学习、自学考试或者成人教育等诸多方式，继续完成学业。此外，除了获得高文凭外，我们还要端正对知识的态度，毕竟一纸文凭并不代表高能力，现代社会的很多行业并不迷信文凭，而是要求人才必须有真才实学，必须有特殊的技能。因而我们也不要盲目地追求大学文凭，对很多高考落榜的孩子而言，哪怕无缘进入大学校园接受系统的教育，也可以根据自身的情况选择学习和掌握一种技能，这样在未来走入职场的时候，才能有所长。

在任何领域，有一技之长的人都是值得钦佩和敬畏的。细心的朋友们会发现，很多天才其实只是在某个特定的领域有突出的表现，在大多数领域里，他们反而能力不足。例如，举世闻名的画家梵高，他的一生就非常坎坷，但是他的画作却流传千古，让无数人沉迷。再如，诗人李白，他最擅长写诗，在官场上却一事无成，终生不得志。就连大圣人孔子也是，他能够洞察人性，却一生穷困潦倒，颠沛流离。这些人都是天赋异禀的，当然，在那个时代他们也没有那么多的机会发展自己其他方面的能力。我们应该庆幸自己生在这个年代，哪怕考不上

○ 能力的陷阱

大学，挤不过高考的独木桥，也有各种各样的培训学校，可以用短则几个月长则几年的时间，着重培养我们某个方面的能力，让我们术业有专攻，绝不虚度人生。

在现代职场上，每个人都要有核心竞争力才能立足。当然，这个核心竞争力可以是我们天生就擅长的事情，也可以是我们经过后天培养具备的独特能力。如今健全的教育制度，让每一个有心学习和培养自己的人，都能如愿以偿找到最佳的学习方式和途径。所以所谓的特长，也变成了可以后天培养的能力。尤其是现代职场，分工越来越细致，合作越来越密切，我们只需要做好自己分内的工作，就能成为不可替代的角色。此外，有效的技能还如同纽带一样，能帮助我们认识更多和我们同类的朋友，引领我们融入相关的圈子。在与他人相互切磋和学习的过程中，我们必然会与他人实现相互促进，共同提升。如此，我们的职业发展也进入了良性状态，人生必然更加充实和美好。

一旦自我设限，你就失去了进步的可能

曾经有这样一个故事：埃及人想知道金字塔的高度，但由于金字塔又高又陡，测量困难，他们不得不向古希腊著名哲学家泰勒斯求助，泰勒斯愉快地答应了。只见他让助手垂直立下一根标杆，不断地测量标杆影子的长度。开始时，影子很长，随着太阳渐渐升高，影子的长度越缩越短，终于与标杆的长度相等了。泰勒斯急忙让助手测出金字塔影子的长度，然后告诉在场的人：这就是金字塔的高度。

那么，生活中的人们，你们的人生高度该怎样来测算呢？实际上，无论现在你处于什么样的境况中，只要你不甘于现状，并积极为未来思考，寻找出路，就没有什么达不到的目标，你要相信自己，你有资格获得成功与幸福！

实际上，无论身处哪一行业，我们都绝不能给自己设限，要知道，世界瞬息万变，没有一项职业能保你一生，也没有一项技能是永不过时的，运用灵活的思维投身于市场大潮中，你才有可能不断取得新的突破。

○ 能力的陷阱

美国历史上第一位荣获普利策新闻奖的黑人记者伊尔·布拉格，在回忆自己的童年经历时说："我们家很穷，父母都靠卖苦力为生。我一直认为，像我们这样地位卑微的黑人是不可能有什么出息的，也许我的一生只会像父亲所工作的船只一样，漂泊不定。"

布拉格9岁那年，父亲带他去参观梵高的故居。在那张著名的吱嘎作响的小木床和那双龟裂的皮鞋面前，布拉格好奇地问父亲："梵高不是世界上最著名的大画家吗？他难道不是百万富翁？"父亲回答说："梵高的确是世界著名的画家，同时，他也是一个和我们一样的穷人，而且是一个连妻子都娶不上的穷人。"

又过了一年，父亲带着布拉格去了丹麦，在童话大师安徒生墙壁斑驳的故居，布拉格又困惑地问父亲："安徒生不是生活在皇宫里吗？可是，这里的房子却这样破旧。"父亲答道："安徒生是个砖匠的儿子，他生前就住在这栋残破的阁楼里。皇宫在他的童话里才会出现。"

从此，布拉格的人生观完全改变。他不再自卑，不再以为只有那些有钱、有地位的人才会出人头地。他说："我庆幸自己有位好父亲，他让我认识了梵高和安徒生，而这两位伟大的艺术家又告诉我，人能否成功与贫富毫无关系。"

心理学家告诉我们，很多时候，人们不是被打败了，而是他们放弃了心中的信念和希望。对于有志气的人来说，无论面对怎样的困境、多大的打击，他都不会放弃努力。因为成功与不成功之间，并不存在一道巨大的鸿沟，它们之间的差别只在于是否能够坚持下去。

实际上，我们发现，生活中总有人感叹：其实我并不喜欢现在的生活，我更想……他们谈了一大堆的计划，一大堆的梦想，可是，他们并没有去实践，如果追问他们，他们还会摇摇头说：竞争太激烈、太冒险了、没有时间、家人不支持我、没有资金、没有学历……没有这个、没有那个，其实都是缺乏意志力的人为自己找到的冠冕堂皇的借口。别忘了那句最常听说却最容易被我们忽略的话：事在人为。事实上，如果你下定决心行动的话，你就能做到。

石义原是江苏一家纺织厂的工人，1999年，四十多岁的他下岗了。为了一家老小的生计问题，他打算做点生意，当周围的人知道他的想法后，纷纷劝他放弃这样的想法，因为他既没有启动资金，也没有技术，再说年纪也大了，哪有精力和年轻人竞争？不如找个清洁工或者保安的工作算了。但是石义并没有动摇，反复考虑后，他还是决定试一试。谁知这一干竟然干

○ 能力的陷阱

出了名堂，他以4000元起家，不到3年便获利50万。

在谈到致富的诀窍时，石义深有感触地说："瞄准市场灵活投资，小本经营，也能获大利。"其实，他的做法很简单，市场上需要水果时，他便投资办水果摊；市场上需要元宵时，他便投资卖元宵。用他的话说："三年里跑遍大半个中国，投资经营了几百种群众需要的货物。"

总之，任何一个渴望成功的人都要明白，无论你现在多大年纪，无论现在市场情况如何，只要你有心寻找机遇，那么，就没有什么来不及。只要你立即行动、大胆地去实践，而不只是把它当成一个遥不可及的梦想，你就能实现最初的梦想。

因此，从现在开始，生活中的人们，请你不要再为错失良机而叹息，不要因为一时的失败而惶恐，更不要失去追求更高目标的信念和勇气，你应该有"天生我材必有用"的信心和豪情，充满自信地走向生活！

第02章

保持开放的心态,不断学习提升自我

不得不说，当今社会，不断学习和不断更新知识已经成为我们技能提升的一个重要方面，因为唯有不断完善自己才能适应激烈的竞争环境，而学校里学的东西是十分有限的，在工作中和生活中所需要的知识与技能，更多是要靠我们在实践中边学边摸索的。社会是一本书，需要经常不断地去翻阅，唯有如此，我们才能以更加优秀的姿态迎接未来挑战。

保持空杯心态,能让你收获更多

心理学中有种心态叫"空杯心态"。何谓"空杯心态"?我们不妨先来看看下面的故事。

从前,有个学者,他自认为自己佛学造诣很深,他听说山上的寺庙里有个德高望重的老禅师,便前往拜访。

刚开始是老禅师的徒弟接待了他,因此,他很傲慢,觉得是老禅师怠慢了他。后来,老禅师出来了,并为他沏茶。在倒水时,明明杯子已经满了,老禅师还在不停地倒。他不解地问:"大师,为什么杯子已经满了,还要往里倒水?"大师说:"是啊,既然已满了,为何还倒呢?"

禅师的意思是,既然你已经很有学问了,为何还要到我这里求教?

这就是"空杯心态"的来源,空杯心态就是不断清洗自己的大脑和心灵,把外在和内在过时的东西、心灵的杂草、大脑

○ 能力的陷阱

的垃圾等，通通一洗了之，让身心干干净净，清清爽爽。

的确，我们如果总是停留在过去的成就、荣耀中，那么，便不能以虚心的心态去求知，便会总是驻足不前。因此，如果你想让自己的内心变得更为强大宽广，如果你想在人生路上继续前进，那么，你就必须懂得放下的智慧，放下过去的成败荣辱，以空杯心态面对未来。

当然，"空杯心态"并不是一味地否定过去，而是要怀着否定或者说放下过去的一种态度，去融入新的环境，对待新的工作、新的事物。永远不要把过去当回事，永远要从现在开始，进行全面的超越！当"归零"成为一种常态，一种延续，一种时刻要做的事情时，我们才能保持不断进步。

一天，一只知了看见一只大雁在空中自由自在地飞翔，十分羡慕，它就请大雁教它如何飞得更高更远。大雁高兴地答应了。

学飞是一件很辛苦的事。知了怕吃苦，一会儿东张西望，一会儿跑东窜西，学得很不认真。大雁给它讲怎样飞，它听了几句，就不耐烦地说："知了！知了！"大雁让它多试着飞一飞，它只飞了几次，就自满地嚷道："知了！知了！"秋天到了，大雁要到南方去了。知了很想跟大雁一起展翅高飞，可是，它扑腾着翅膀，怎么也飞不高。

这时候，知了望着大雁在万里长空飞翔，十分懊悔自己当初太自满，没有努力练习。可是，已经晚了，它只好叹息道："迟了！迟了！"

其实，在我们生活的周围，有多少这样的"知了"，就有多少这样的"迟了"。他们取得一点点的成绩之后，就自我满足，被过去的成绩束缚住成长、进步的脚步，于是，他们安于现状，故步自封，坐失良机。有人说，没有远见的地方，人们就会灭亡。而获得远见卓识就要靠持续地学习和不断地进步。

当今社会，我们的心态总是不断地经受着物质的考验，很多时候，我们在追求目标的过程中，可能并没有意识到自己的心灵已经被那些虚幻的美好理想束缚了。生活远没有理想那么简单，理想的存在固然可贵，可我们更要做的是让理想接受现实的催化。就像一件被打造的利器，不经过热火的炙烤、重锤的锻造，怎么能握在战士的手中？清空你的心灵，你就能接受失败的馈赠和成功的赏赐。

既然是清空，那么心灵里可能会有什么垃圾呢？对曾经的成功、过时的褒奖、短暂的胜利、过期的佳绩的迷恋，当然，还有失望、痛苦、猜忌、纷争……清空就是把自己当普通人看，有自己的优点，也要正视自己的缺点。你的优点可以促使你成功，缺点也会让你在平淡乏味的生活中体会意外的精彩。每个人的生活都可以丰富多彩，不要让生活因为你的缺点而有所欠缺。

总之，空杯心态是我们拥有好心态的关键。有了好的心态，才能让我们更彻底地认识自己、挑战自己，为新知识、新能力的进入留出空间，保证自己的知识与能力总是最新，才能永远在学习、永远在进步、永远保持身心的活力。

从现在开始为五年后的你谋划

我们都知道，五年的时间不算短，你能从学生变成一名成熟的社会人士，你能掌握学习到精湛的技术，但前提是你要不断学习和提升自己，在当今社会，如果注意力仅仅盯着眼前的薪水，满足于手头的工作，而不去提升自己的能力，不去发现更辽阔的天空，我们又怎能在未来为自己赢得一片天地呢？

我们先来假设一下：有两个年轻人，他们的能力不相上下，也都一无所有，一个年轻人总是积极向上，每天干劲十足、努力充实自己，每每遇到挫折，他都鼓励自己不能消极；另外一个年轻人，他目标模糊、满足于现状，每天浑浑噩噩、得过且过。想象一下，五年后，他们会有什么不同？

的确，尽管只是五年的时间，他们的差距已经显现出来了：前者通过自己的奋斗，已经小有财富，做人办事顺风顺水，事业越做越大、春风得意；而后者，稍微遇到一些问题，便慨叹自己解决不了，每天活在抱怨中，常常为生计、金钱而苦恼。

能力的陷阱

这两种人，你想做哪种？当然是第一种！任何人，都想要实现自己的价值，都希望过上自己喜欢的生活，然而，如果你现在不开始努力学习的话，一切都是空谈。

任何一个有一番作为的人，都认识到了学习在当今社会的重要性，只有用知识武装自己的头脑，只有努力学习，才能营造出美好的未来。其实，只要你从现在开始努力，只需要五年的时间，你的生活和生存状态就会发生翻天覆地的变化。

杰奎琳是一名普通的美国女孩，五年前，她还奋战在零售业一线，为自己的梦想打拼。

杰奎琳家里姐妹兄弟众多，经济状况很差，无奈，她只好辍学，去了一家超市打工，她每天要工作16个小时以上，每晚回到家，她的双脚都是浮肿的，但这在她看来并没有什么，让她难过的是自己得不到别人的尊重。

超市员工是分很多等级的，如果是厂家派遣过来的职员或者正式员工，工作体面，待遇也更好，而那些和杰奎琳一样低学历的临时工，在超市是不被人看得起的。

在每天清理货架、搬运商品的工作中，杰奎琳告诉自己，绝不能就这样下去，然后她会在脑海中描绘自己的未来——她曾经读过经营学的书，因此，她希望自己有朝一日能成为营销人员，她更有着从营销人员晋升到CEO的华丽梦想。

杰奎琳经历了就业困难的时期和辛苦的公司生活，但她一刻也没有忘记自己在商场里就已经确定了的梦想。如她所愿，杰奎琳在市场营销领域崭露头角，几年后被一家大企业选中，成为了商场事业部的经理。

在你最忙碌、最疲惫的时候，你不妨看看周围的人，即使做着同样的工作、过着看似差不多的生活，但在五年、十年乃至更长的时间后，大家的命运都有可能会变得完全不同，因为在每个普通的外表下，都有可能隐藏着不同的梦想，人生因梦想而变得闪闪发光。为梦想而工作，即使顶着压力，背负辛苦，你也会感到快乐。

我们不能否认人的智力有差别，但大部分人之间的差异并不大。如果我们能不断学习，并以高标准来要求自己，那么，即使我们不会成为人们敬仰的伟人，至少我们的人生也会因此而闪亮。

的确，知识就是力量，也是使人改变命运的最好神器。对此，你可以做到以下几点。

1. 多考虑自己的现在和未来，认识到学习的重要性

实际上，我们都知道学习的重要性，但这些往往是泛泛

之谈，并不能起到任何实质性的作用。而一旦将这一想法与自身情况相结合，比如根据自己的兴趣树立人生目标和理想，这一想法就具备了可实施性。

2. 树立不断学习的理念

学海无涯，知识是没有尽头的，而同时，现今社会知识更新速度之快更要求你具备不断学习的理念和行动力。

3. 付诸行动，坚持每天学习

任何知识的学习都需要持之以恒地坚持才能收到效果，也只有这样，才能不断拓展自己在该领域的认知度和专业度。

总之，没有哪个人可以永远独占鳌头，在瞬息万变的世界里，唯有虚心学习的人才能够掌握未来，才能获得自己想要的成功。

与时俱进，不断学习是避开能力陷阱的重要手段

在科学技术飞速发展的今天，知识已经成为一个人、一个企业，甚至一个国家能否在竞争中获胜的重要因素。而知识尤其是信息技术的更新速度之快，常常让我们应接不暇，危机每天都会伴随我们左右，稍不注意我们就会陷入能力陷阱。新时代的人们都要认识到：学习应该是一种态度，你只有从现在起，如饥似渴地去学习、学习、再学习，并让学习时刻伴我们左右，才能使自己丰富和深刻起来，才能赢得灿烂的明天和成功的未来。

要知道，真正的知识是没有尽头的，正如有句话说："吾生也有涯，而知也无涯。"若你想不断适应变化速度逐渐加快的现今社会，就必须学无止境，把学习当成一项终生的事业，并把这项事业贯彻到每天的生活中，如衣食住行一般。

而生活中，没有几个人有这种意识，而正是因为如此，大多数人只能甘于平淡，甚至跟不上时代的步伐。但实际

○ 能力的陷阱

上，在中国古代，先人们就深谙这个道理。

一次，黄帝带领随从去具茨山见大隗，行至半路，突然找不到方向了，此时，恰逢一名牧童路过，黄帝遂上前询问牧童。

"孩子，请问去具茨山的路怎么走，你知道吗？"

牧童用手指了指前方的路说："知道呀！就是那边。"

黄帝又问："那你知道大隗住在哪里吗？"

他说："知道啊！"黄帝吃了一惊，便随口问道：看你年纪轻轻，怎么什么都知道呢？那你知道如何平定天下、治国安邦吗？"

那牧童说："知道，和我放牧如出一辙，主要是要去除牛的劣根性，治国安邦不也是这样吗？"

黄帝听后，非常佩服，真是后生可畏，原以为牧童还是贪玩的年纪，没想到竟能悟出这样深刻的道理。

正所谓"活到老，学到老"，终身学习，才能不断进步。一切事物随着岁月的流逝都会不断折旧，人们赖以生存的知识、技能也一样会折旧。唯有虚心学习，才能够成功掌握未来。求知与不满足是进步的第一必需品。

这告诉生活中的我们，一个人的工作也许有完成的一天，但一个人的学习却没有终止的时候。那么，怎样才能够做到保持学习的常态呢？

1. 走出"时间太晚、年龄大了"的误区，抓住时间的缰绳努力学习

学习是没有时间和年龄限制的，只要努力学习、刻苦自励，从现在开始学习也为时未晚，年龄大不是拒绝学习的理由。

2. 保持学习的常态，促使自己增强使命意识和危机意识

保持学习的常态，是飞速发展的时代向我们提出的要求。现在是知识经济的年代，高新技术带动生产力突飞猛进，不断改变着我们的生存环境和生存方式，更需要我们不断提高对新知识、新科技的掌握能力，以及对新环境、新变化的应对能力。我们假如仅仅满足于在学校学得的那点东西，不注意及时"充电"，就会逐渐落后。

3. 积极拓展知识领域，开阔学习视野

保持学习的常态，就是要求我们要学会不断拓展自己的学习领域，开拓自己的知识视野。孔子说："好学近乎知（智）。"树立终身学习的理念，拓展自己的学习领域，开阔自己的知识视野，关键是要培养起对学习的兴趣。学习是一种习惯，终身学习则是一种理念，兴趣是成功的一半。一个

○ 能力的陷阱

人树立起了终身学习的理念,就会认同"万事皆有可学"这个道理。

总的来说,我们任何一个人,都要坚定"奋斗不息,学习不止"的信念,日复一日,沿着知识的阶梯步步登高,养成丰富自己、重视学习的习惯。世上没有绝对的成功,只有不断地努力,才能让你的成功之路走得更快更远。

做好职业定位，为自己量身打造一个充电计划

职场充电，大概是每个人职场人都绕不开的话题，特别是作为白领阶层，如果没有过硬的职场拼杀本领，就很容易在激烈的竞争中被淘汰，职场的位置可就"风雨飘摇"了。无论是拿出业余时间去深造，还是在工作中不断学习，作为职场人士，我们都应该展开思索与行动，为自己量身打造一个充电计划，并最终拥有纵横职场的能力。

所以，有规划的职场人士从来不盲目跟风报班，参加培训，他们总是有着自己的充电计划，他们了解自己的短板，懂得如何弥补自己的不足，进而能做到过五关斩六将，在职场上不断取得成绩。

接下来，我们看一则故事：

在巴勒斯坦境内，有两个著名的湖泊——加利利海和死海。这两个著名湖泊各有各的特色。

加利利海湖泊面积很大，水质清澈、甘甜，连鱼儿们在

○ 能力的陷阱

水中悠游的景象也清晰可见，可以直接作为饮用水，而附近的居民更是喜欢到此处游泳和嬉戏，加利利海的四周全是绿意盎然的田园景观，因为环境清幽，许多人将他们的住宅与别墅建在湖边，享受这个如仙境般美丽的景致。

另一个名为死海，也是一个湖泊，然而，正如其名，这个湖泊里的水是碱性的，而且有一股奇怪的味道，不仅人类无法饮用，就连鱼儿也无法生存。在它的崖边，连株小草都无法生长，更别提人们选择在这里居住。

令人不解的是，这两个湖其实出于同一个源头，后来人们发现，它们会有这么大的不同，是因为一个有接受也有流出，另一个则是接受后便存留起来。原来，在加利利海里，有入口也有出口，当约旦河流入加利利海之后，水会继续流出去，如此一来，湖水不仅生生不息，也会不断地循环更换，水质自然清澈干净。至于死海则只有入口没有出口，当约旦河水流入之后，水就被完全封死在湖里。于是，在这个只有进没有出的湖泊中，所有的污水或废水也全部汇聚在这里，因为死海只知自私地保留已用，最后的结果便如它的名字，成为没有人愿意亲近的死海。

唯有不断流动更替的水才会充满氧气，如此鱼儿们才会有舒适的生存空间,为湖泊增添生命活力。因为肯付出,加利利海收获的,正是干净的湖水与热闹的人潮,因为它付出了,自然会得到应有的成果。至于一味地接受而没有付出的死海,结果则是贫瘠与人迹罕至。自然界这个特殊的现象再次告诉生活中的人们,有付出才有收获。追求成功的你们,只要不吝于付出,在付出的同时,你们便能腾出新的空间,容纳新的机会。

○ 能力的陷阱

为自己寻找一个行为上的恩师和榜样

我们知道,与人接触是个人成长过程中重要的一课。与什么样的人交往,就决定了我们会形成什么样的性格、有什么样的阅历。有人说:"和好人交游,必然会受到好的陶冶;和恶人为伍,必然也要受到恶的熏染。风吹过香物以后,必然也会发出馨香;风吹过臭物之后,必然就要发出臭味。"大概就是这个道理。所以,我们每个人都应该为自己寻找一个行为上的恩师和榜样,要知道,在自己所处的环境里,能与站在顶点地位的一流人物交往,并学习其优点、做法,进而吸取他们经验和观点中的精华,就能引导一个人积极向上,这对他的生活和工作必将大有助益。因此,人际交往中,我们应该有选择地结交朋友,只有这样,你生活的圈子才会更具精神实力。

然而,生活中,不少人总是乐于与比自己差的人交际,因为借此,在与友人交际时,能产生优越感。可是从不如自己的人当中,显然是学不到什么的。而结交比自己优秀的朋友,能促使我们更加成熟和完善。

因此，我们可以从劣于我们的朋友中得到慰藉，但也必须获得优秀朋友给我们的刺激，以此助长我们的勇气和力量。

可见，人际交往中，我们要有明确的交际目标，要学会有的放矢，不要"眉毛胡子一把抓"，那么，具体来说，我们该选择怎样的人结交呢？

1. 结交有人格魅力的人

不可否认，我们应多结交有人格魅力的人，但现实生活中，有些小人往往不是以真面目示人的。因此，我们很有必要明白什么是人格魅力：它指一个人在性格、气质、能力、道德品质等方面具有的很能吸引人的力量。一个人能受到别人的欢迎、容纳，他实际上就具备了一定的人格魅力。有人格魅力的人有以下性格特征。

第一，在为人处世和对待现实的态度上，他们表现出热情、友善、富有同情心的待人态度，谦逊但不自卑，在学业、工作和事业上勤奋积极。

第二，在情绪上，表现为善于控制自己的负面情绪，呈现出的是积极、乐观、豁达的心境，与人相处时，带给人的也是正能量。

第三，在思想上，具备丰富的想象力和创新意识，思维具有很强的逻辑性。

第四，在意志上，表现出目标坚定、明确，懂得自制，性格坚韧、勇敢。

具有上述这些良好性格特征的人，往往是在群体中受欢迎和受倾慕的人，或可称为"人缘型"的人，我们应与之多结交。

2. 结交具有专长和特殊才能的人

或许你会认为，带着目的结交那些有专长和特殊才能的人是一件有心机的事。那么你不妨回忆一下：你是不是常和一些对自己完全没有帮助的朋友见面，每次连自己都感到是在浪费时间和金钱，只得宽慰自己这是讲义气呢？朋友应该具备值得自己学习的地方。这样才能帮助彼此进步，建立良好的长久关系。

3. 结交文化层次高的人

结识那些文化层次高的人，并不是非要从他们身上得到实质性的帮助，才算得到了好处。有些人，仅仅是和他在一起，就可以获得益处。腹有诗书气自华，和他们相处，我们能感受到来自他们身上的一种优雅的气质，这就是一种享受；与他们交谈，我们能了解到世界上很多我们不曾了解过的地方。他们就像一本书，了解他们、解读他们，我们的人生就能变得不再浅薄。

总之，如果你也想做一个成功者，就要时刻向成功者靠近，与成功者为伍，哪怕并不是同一领域的人，他们也可以与你交流他们的经验和教训。你可以从强者身上学习如何变得更强，哪怕这样会让你自惭形秽，但是你得到更多的，则是来自成功者的宝贵经验，来自榜样的无穷激励。近朱者赤，只有时刻学习一流人物的精神品质，才能让你也逐渐成为一流人物。

● 能力的陷阱

不懂就问是一种良好的工作和学习态度

现代社会，作为职场人士，我们都知道充实的内在对一个人发展的重要性，于是，为了丰富自己的大脑，很多人进修、参加培训等，这固然是充电的良好方式，但聪明的你可能还忽略了一点：为什么不向"前辈"们请教呢？尤其对于那些精力有限的人来说，这种学习方式可以节省时间，也不至于影响工作和家庭生活。当然，我们若想获得前辈们的帮助，还得注意请教的方式，试想，一个不苟言笑、冷漠、拒人于千里之外的人，别人会乐意帮助吗？

我们不得不承认的是，生活中，有很多这样的人，他们遇到问题不愿意向周围的人请教，更愿意独来独往，其实，及时请教，不仅能改善你的人际关系，还能让你在工作上更有热情，有这样一股动力，成功指日可待。

张大姐是公司里资历较老的员工，她对专业技能的掌握程度可谓无人能及。不过，正因为是老员工，在单位干了几十年，她的年龄也不小了，在对新事物的理解和接受上难免有点力不从心。特别是新技术在业务上的应用，令张大姐越来越感觉到自己需要学习的地方太多了。这方面，她最敬佩的就是她的顶头上司刘主任，刘主任虽然和她年龄相仿，但却是个新潮人。有些时候，电脑里出现的陌生单词，张大姐都要问一问刘主任是什么意思、怎么发音。

对此，刘主任经常对张大姐说："老张，这些你不必太在意，有事我们会帮你解决的。"

张大姐却总是这样说："不行啊，我该会的东西一定要弄明白，我虽然老了，但我还不想被淘汰。"

刘主任对张大姐的这种态度很钦佩，还特意表扬了她的这种学习精神。

的确，对于职场人士来说，不懂就问是一种很好的工作和学习态度，因此，身处职场，我们都要明白，三人行必有我师，求教是一把好的学习利器。从另一个方面讲，无论是谁，都渴望被人尊重，而向领导请教，就能很好地满足他们的这种心理需求，同时自己又能获得他们的好感，一举两得，利人利己，何乐而不为呢？这不是逢迎拍马，也不是对方有多高明，自己有多愚蠢，这是职场中的处世策略。

◎ 能力的陷阱

那么，在请教的过程中，我们该注意哪些问题呢？

1. 主动学习，主动求教

人们常说，兴趣是最好的老师，的确，只有主动、积极学习，才能挖掘出学习的乐趣，也才能提高效率。反过来，学好了，有成果了，兴趣也就有了。因此，对于学习过程中不懂的问题，一定不要羞于向人请教。不懂的地方一定要弄懂，一点一滴地积累，才能进步。如此，才能逐步地提高效率。

2. 请教时要有礼节

知礼节，是对当代职场人士的重要要求。而且，如果经常向他人请教，更要求你彬彬有礼，讲究分寸。如果不分场合，不看对象，对任何人都表现出亲热，心直口快，喜欢攀谈，就可能引起对方或他人的误会，使之产生错误的联想，使双方都感到尴尬，从而影响到正常的交往。

3. 适当示弱

比如，工作中，聪明人就不会整日在老前辈面前逞能，而是会主动制造机会，让老前辈帮助自己，以显示前辈的能力与水平。这样，一旦满足了对方好为人师的心理，他自然愿意帮助你。同时，在与老前辈打交道的时候，一定要谨言慎行，万不可自命不凡。获得了老前辈的支持，你在追求成功的路上便会如虎添翼！

4. 认真听取别人的意见

如果有人当面向你提意见，那么，你千万不要不耐烦，也不要随便打断对方的谈话。无论对方的观点是对是错，你都不要贸然地反对或者批评对方："你这是废话""错了"。即使你有这样的念头，你也不要表达出来，以免刺激对方，使他们心灰意冷，甚至开始敌对你。

5. 未雨绸缪，搞好人际关系

如果你渴望成功，渴望拥有优质的生活，那么，千万别忘了锻炼你的力量之源——人脉。拥有良好的人脉是你通向成功的一条捷径。你或许从没有去过好莱坞，但你绝不会不知道好莱坞最流行的一句话——"成功，不在于你知道什么或做什么，而在于你认识谁。"美国石油大王约翰·洛克菲勒也说过："与人相处的本领是最强大的本领。"因此，如果你希望在关键时刻得到他人的帮助，就不要忘记在平时就积极经营人际关系！

第03章

跳出你的舒适圈,主动挑战未知和全新的事物社会学家认为,未来的社会是一个复杂的、充满不确定性的高风险社会,如果人类自由行动的能力总在不断增强的话,那么不确定性也会不断增大。在现代社会,不敢冒险就是最大的冒险。没有超人的胆识,就没有超凡的成就。拥有胆量是使人从优秀到卓越的最关键一步。生活中的人们,你也需要勇敢地冒险,勇于尝试,这样,你就有了做第一个成功者的机会。

越是优秀的人越努力

生活中,相信不少人都听说过晋代陶渊明归隐田园的故事,陶渊明在为官数十年之后,认识到了官场的黑暗,于是,他最终弃官,归隐田园,虽然没有了生活的依靠,他却感到得意和轻松,毫无遗憾和留恋。"采菊东篱下,悠然见南山"就是他精神自由的最好写照。他这种洒脱的人生态度,千百年来,令多少人"高山仰止,心向往之"。现代社会,一些人也"效仿"陶渊明,他们对于当下的生活抱着一种所谓的淡然态度,认为竞争和努力是徒劳的。他们看似过上了"出世"和"闲云野鹤"的生活,而实际上,这只不过是为了粉饰自己的懒惰而已,他们甘于现状、不思进取,最终,他们一生碌碌无为。相反,越是优秀的人越是努力,越是富有的人越勤奋,越是智慧的人越谦卑学习,这一现象的根源在于:优秀的人总能看到比自己更好的,而平庸的人总能看到比自己更差的。努力后你会发现自己要比想象的更优秀!同样,只要我们努力、认真过好每一天,美好的明日自然就会来到!如此持之

○ 能力的陷阱

以恒，五年、十年过去时就会结出硕果。

我们熟悉的玛丽·居里夫人的丈夫比埃尔·居里同样是我们的榜样，他的经历同样告诉生活中的我们越是优秀的人越是努力的道理。

比埃尔·居里于1859年5月15日生于巴黎一个医生家庭里。他在童年和少年时期，并没有显示出与众不同的聪明。那时候的他在性格上好个人沉思，不易改变思路，沉默寡言，反应缓慢，不适应普通学校的灌注式知识训练，不能跟班学习，人们都说他心灵迟钝，所以他并没有进过小学和中学。

为此，父亲常带他到乡间采集动物、植物、矿物标本，培养了他对自然的浓厚兴趣，让他学到了如何观察事物和如何解释它们的基本方法。居里14岁时，父母为他请了一位家庭教师，他的进步极快，16岁便取得理学学士学位，进入巴黎大学后两年，他又取得了物理学硕士学位。1880年，他21岁时，和他哥哥雅克·居里一起研究晶体的特性，发现了晶体的压电效应。1891年，他研究物质的磁性与温度的关系，建立了居里定律：顺磁质的磁化系数与绝对温度成反比。他在进行科学研究时，还自己创造和改进了许多新仪器，例如压电水晶秤、居里天平、居里静电计等。

一个人爱好学习，勤奋读书，就会学有所获。比埃尔·居里的成功让我们明白：追求闲云野鹤的生活并不是一个人不思进取的借口。无论你现在多么优秀，都不能停下奋进的脚步。无独有偶，著名画家齐白石年逾九十，每天仍作画5幅。他说："不叫一日闲过。"他把这句话写出来，挂在墙上以自勉。一次，他过生日。由于他是一代宗师，学生朋友很多，从早到晚，客人络绎不绝。白石老人笑吟吟地送往迎来，等到送走最后一批客人，已是深夜了。年老的人，精力已不如前，他便睡了。第二天他一早爬起来，顾不上吃早饭就走进画室，摊纸挥毫，一张又一张地画着。他家里人劝他："你吃饭呀。""别急。"画完5张后，他才用饭，饭后他继续作画。家里人怕他累坏了，说："您不是已画了5张吗？怎么还要画呢？""昨日生日，客人多，没作画。"齐白石解释，"今天多画几张，以补昨日的'闲过'呀。"说完，他又认真地画了起来。

齐白石已为画坛成功者，年迈之时仍不忘勤奋，这不正是告诉我们奋斗不分年龄，只要你把握好现在吗？

总之，我们每一个人都要认识到勤勉的重要性，也许你会产生疑问：现在努力会不会已经晚了？当然不是，但你首先要做的就是收拾自己的心情，然后梳理好自己的思绪，从现在开始，为成功奋斗，"不叫一日闲过"！

○ 能力的陷阱

改变自己就要学会接受新事物

人生在世，谁不渴望出人头地？美国成功学演说家金·洛恩说过这么一句话："成功不是追求得来的，而是被改变后的自己主动吸引而来的。"我们之所以没有成功，是因为在我们身上存在着许多致命的缺点，如自私、傲慢、急躁、没有明确的人生目标、缺少自信、做事情不脚踏实地、没有耐心等，这些缺点严重制约了我们的发展。只要对自己进行深刻的检讨，采取改进措施，你的精神面貌就会发生巨大变化，会感觉到自己在一天天地向成功迈进。

改变自己就要学会接受新事物，因为每个人都有着无限的潜能等待开发，只可惜，我们往往自己限制了自己的心态。科技进步的速度快得惊人，相对也引导着社会各方面的发展，如果你仍一味地沿用旧的思想、旧的做法去做事，那就会被社会淘汰。所以千万不要当个死硬派，很多不该再坚持的观念，何苦抓住不放呢？接受新思想，摒弃不适当的旧观念，会成为你改造自己、扩大格局的好起点。

第03章 跳出你的舒适圈，主动挑战未知和全新的事物

有人会说，我是很想立即改变现状，但周围的大环境就这样，不允许，没办法呀！他必定是忘了：一个人在面临无法改变的环境时，首先要学会改变自己，自己改变了，环境也会随之改变。西方有句谚语："生存决定于改变的能力。"不少人往往是一方面想改变现状，另一方面又害怕承受痛苦，结果把自己弄得既矛盾又挣扎，折腾了一大圈又绕回到起点。改变是痛苦的，但是，如果不改变，那将是更大的痛苦。

"适者生存，不适者则被淘汰"，这是自然规律，世上的事物时时刻刻都在发生着改变。如果你跟不上社会的步伐，你就会被社会抛得越来越远。面对这样的状况，只有改变自己才是出路。许多时候，担心是多余的，欣然地面对现实，勇敢地接受挑战，就能塑造一个"全新的自己"。人生是由一连串的改变组成的。当你的环境、教育、经验、吸收的信息发生变化，你的心理多多少少也会产生不同程度的变化。改变就是机会，只要你及时处理，就会有好的机会与开始，而且，唯有良好的自我改变，才是改变事情、改造状况，甚至改变环境的基础。

原一平是日本的保险业泰斗，他在27岁时，才进入日本的明治保险公司开始自己的推销生涯，当时，他穷得连午餐都吃

○ 能力的陷阱

不起，经常露宿公园。

有一天，他向一位老和尚推销保险。等他详细地说明之后，老和尚平静地说："听完你的介绍之后，我一点投保的想法都没有。"老和尚注视原一平良久，接着又说："你与他人像这样相视而坐时，你一定要具备强烈的吸引对方的魅力，如果做不到这一点，那怎么可能推销成功呢？"原一平哑口无言，冷汗直流。

老和尚又说："年轻人，先努力改造自己吧！"

"改造自己？"原一平对老和尚的话感到疑惑。

"是的，要改造自己首先必须认识自己，你知不知道自己是一个什么样的人呢？"

原一平摇了摇头。

老和尚又说："你在替别人考虑保险之前，必须先考虑自己，认识自己。"

"考虑自己？认识自己？"

"是的！赤裸裸地注视自己，毫无保留地彻底反省，然后才能认识自己。"

从此，原一平开始努力认识自己，改善自己，大彻大悟，终于成为一代推销大师。

第03章 跳出你的舒适圈，主动挑战未知和全新的事物

一个人如果不先改正自己的缺点和不足之处，使自己成为一个人格完善的人，就很难获得成功，更谈不上去影响和改变别人。人活在世上的任务，首先是改变自己，进而是改变世界。如果同事对你不友善，你不去改正自己的缺点，那么你换个单位也没用；如果你的成绩提不高，你不去改变学习方法和学习态度，那么换了老师也没用。只要你一改变，生活就会随之改变。

世界是在不断发展变化的，每个人也是在不断发展变化的。变化始终存在，不管这变化是好是坏，我们都必须接受，而变化的好坏往往取决于人的适应能力。要适应瞬息万变的社会，我们必须做出改变，而且，改变必须从今天开始，马上开始，从自己开始，从每一件小事开始。这样才能获得成功！

适者生存，这是人类一切问题的答案。试图让整个世界适应自己，这便是麻烦所在。试图让一切适应自己，这是很幼稚的举动，而且是一种不明智的愚行。想要改变世界很难，而改变自己则较为容易。如果你希望看到自己的世界改变，那么第一个必须改变的就是自己。

○ 能力的陷阱

请认真听一听内心真实的声音

有人说，这个世界上最聪明的人，是懂得按照自己的禀赋发展自己的人，他们懂得跟随内心声音的指引，因为只有这样，他们才会迸发出源源不断的热情，才会不断地超越心灵的绳索，才会成就自我。哲学家叔本华曾说："人虽然能够做他想做的，但不能想要他所想要的。"

生活中，不少人都想要实现梦想，实现自己的价值，然而，当你问他的梦想是什么时，他竟然不知道。没有梦想的人，就没有目标，没有奋起直追的持久动力。你应该先了解自己，倾听自己内心的声音，了解自己真正感兴趣的是什么，然后以自己的才能与爱好来作为梦想的参考。

事实上，我们每个人都应该对自己的特点、优势有所了解，依此来确立目标。一些人以自己身边或媒体宣传的人作为自己的榜样；一些人的梦想与兴趣、爱好、特长相关，比如喜欢唱歌的女孩希望成为歌手，喜欢跳舞的女孩希望成为舞蹈家。当然，不少人思想不够成熟，有时候追求的梦想不稳定，今天喜欢唱歌，明天喜欢跳舞，我们应该学会听从自己内心真正的声音，并以强劲的意志坚持到底。

菲尔·约翰逊的父亲是一家洗衣店的店主，在菲尔从学校毕业后，父亲希望他能继承自己的衣钵。但是，菲尔·约翰逊一点也不喜欢洗衣店的工作，他每天都在店里偷懒，整天晃荡，只要做完自己的工作，他就撒手不管。有时候，他干脆直接不来店里。菲尔的父亲觉得儿子真是没出息，在那么多员工面前，儿子真是将自己的脸丢光了。

有一天，菲尔·约翰逊终于鼓起勇气对父亲说："我想去一家机械工厂做个技工。"出去当工人？难道儿子想走自己曾经走过的老路吗？父亲非常震惊也很失望，他不可能同意儿子的想法。但菲尔是个很独立自主的人，对于父亲的反对意见，他根本不听，而是开始穿着沾满油渍的工作服去工作。在机械厂，菲尔比在洗衣店更努力地工作。尽管机械厂每天的工作时间很长，然而菲尔·约翰逊吹着欢快的口哨就可以度过快乐的一天。渐渐地，菲尔发现自己喜欢上了工程学，他开始认真研究各种发动机。

1944年，菲尔·约翰逊去世。不过，在这时，他已经是波音飞机公司的总裁了，他研究制造出来的"飞行堡垒"在第二

○ 能力的陷阱

次世界大战中发挥了重要的作用。

菲尔·约翰逊喜欢机械,他并没有因为父亲的期望而改变自己最初的想法。假如菲尔当时留在了父亲的洗衣店,后来,他和父亲的洗衣店会怎么样呢?我想在父亲去世之后,这门生意应该很快就垮掉了,那家曾经的洗衣店也会早早关门了。

如果身边的朋友、家人建议你去银行当职员,但事实上你只是喜欢待在蛋糕店里做蛋糕,那么你的选择是什么呢?曾经有人抱怨:"我很想成为一名歌星,但是我父亲却希望我能成为一名医生,我该怎么办呢?"我想这句话,非常适合他:别人的期望,不能成为你被迫选择的理由。

一旦你确定了自己的内心渴望,就需要切断自己的后路,因为现在你只剩下自己和梦想了,自己已经不能回头。现在你已经无路可走,你已经站在梦想的面前,你现在需要做的就是完成自己的梦想。

假如你还在迟疑:"这是我内心的声音吗?"那么你将永远一事无成,因为这个质疑会阻碍你去完成梦想,最后你将失去尝试的勇气而不愿意再跨出下一步。假如你开始质疑自己的梦想是否可以实现,那你将失去追求梦想所需要的动力。

第03章 跳出你的舒适圈，主动挑战未知和全新的事物

不断学习新技能，适应新需要

"物竞天择，适者生存"是自然界生物进化的基本规律。在这个变化、竞争的时代，如果你能适应这种变局，并勇于自我改变和突破，你就能成为强者，相反，不进则退，如果故步自封，就会面临巨大的危险。

的确，任何人，只有不断地剥离自己身上的缺点，才能实现自己的进步、完善、成长和成熟，而实际上，生活中，我们发现，不少人年纪轻轻，就显得过于老成，让自己的思想被所谓的危险意识束缚，让自己的手脚被条条框框束缚，不敢释放自己，最终，他们也只能碌碌无为。

类似地，那些被思维定式束缚的人，不善于变通的人，纵有一身过硬的本领，也会因为不懂得因时因地变通，而无法捕捉和把握稍纵即逝的机会，从而无法成功。的确，很多时候，我们认为自己获得的知识、技能已经足够多了，而实际上，在瞬息万变的当今社会，真正的危险不是经验的不足，而是故步自封，跟不上时代的步伐。一个人要想成功，勇气、努

○ 能力的陷阱

力都必不可少,但更重要的是,他在人生路上要懂得与时俱进,要懂得不断收集各种资讯,使自己对环境和所追求的事业方向有更充分的了解。因为一个人只有了解更多,才更有应变的能力。

一个懂得不断改变自己的人,往往能及时适应客观世界的改变,并抓住发展的机会,在变革中求生存,并最终成就一番事业。事实上,那些精通"尝试"技巧的人,并没有什么聪明才华,但他们能够在一生中有所建树,有时甚至会取得惊人的成就,无非是因为他们使自己变成了竞争者击不倒的人。

美国底特律有位妇人,名叫珍妮,她原本极为懒惰,后来,她的丈夫意外去世,家庭的全部负担都落在她一个人身上。她不仅要付房租,还要抚养两个子女。在这样贫困的情况下,她被迫去为别人做家务。她白天把子女送去上学后,便利用下午时间替别人料理家务。晚上,子女们做功课,她还要做一些杂务。就这样,懒惰的习惯渐渐被克服了。

后来,她发现许多现代妇女外出工作,无暇整理家务,于是她灵机一动,花了七美元买来清洁用品和印刷传单,为所有需要服务的家庭整理琐碎家务。这项工作需要她付出很大的精力与辛劳,她把料理家务的工作变成了专业技能,后来甚至连大名鼎鼎的麦当劳快餐店也找她代劳。

现在她已经是美国一家家政服务公司的老板,分公司遍布美国很多个州,雇用的工人多达8万人。

珍妮的成功事例告诉我们,假如一个人不愿意奋斗,自甘过贫穷的生活,那他就永远无法摆脱困境,连上帝也没办法拯救他。相反,勇敢地尝试新事物,可以发现新的机会,使你迈进从未进入的领域。生命原本是充满机会的,千万别因放弃尝试而错过机会。

实际上,做到突破和改变自我并不是一件易事,因为我们每一个人都有一个固定的思维方式,在这个思维方式中我们所有想法、做法都是在一定范围内的,而在我们所定的这个范围之外还有很大一片天地,我们只是没有尝试走出去,其实外边的世界很精彩。所以,我们要学会打破传统及固有思维方式,去尝试一些我们从来没有运用过的方式来解决问题,这样我们会做得更好。

1911年,英国人罗伯特·斯科特和挪威人罗尔德·阿蒙德森分别带领探险队启程踏上南极大陆,都想快对方一步到达南极点,成为被载入史册的人。斯科特采用了传统的方法,使用

○ 能力的陷阱

装备繁重的雪橇，以西伯利亚矮种马和人力作为动力，并依赖沿路的补给点供给物资。而阿蒙德森采用了崭新的方法，他使用轻便的狗拉雪橇，并且在路途上实现了一定程度的自给自足。

1912年，阿蒙德森率领的挪威探险队成功抵达南极点，全员无一人死亡。而斯科特的英国探险队在几周后才到达，但遗憾地发现他们不得不与死亡搏斗。斯科特及其队员最终在返回途中因为恶劣的天气和严重的体力透支而不幸罹难。

阿蒙德森勇于离开舒适圈，尝试崭新的方法，挑战传统的探险方式。他通过主动迎接挑战，不断突破自己的能力界限，最终取得了成功。而斯科特虽然英勇奋斗，但因为坚持传统的方式，未能适应变化，导致了失败。斯科特的勇气和为科学而献身的精神固然让人肃然起敬，但阿蒙德森的做法蕴含着更大的智慧。

因此，我们要明白，要想获得一番成就，就必须解放思想，勇敢尝试新事物、适应新需要，对此，你需要做到以下几点。

1. 打破现有的安逸假象

一个人不愿改变自己，往往是舍不得放弃目前的安逸状况。而当你发觉不改变是不行的时候，你已经失去了很多宝贵的机会。所以，聪明人会主动打破现有的安逸假象，努力改变自己、更新自己，迎接新的开始。

2. 释放自己并不等于流放自己

无疑，有人会因为释放自己而收获精彩人生，但也有人会因为追求现世安稳而碌碌无为，还有人把释放变成了流放，在外面的世界经历太多无奈与艰难。面对越来越多年轻人不敢"释放自己"的现状，我们不禁要问，到底是他们不勇敢，还是外面太不安全？实际上，释放自己并不等于流放，坚持自己的原则，坚持自己的信念和梦想，不被世俗冲淡热情，你同样能收获幸福和成功！

总之，在我们的生命中，有时候必须做出困难的决定，开始一个更新的过程。只要我们愿意放下旧的包袱，愿意学习新的技能，我们就能发挥自己的潜能，创造新的未来。我们需要的是自我改革的勇气与再生的决心。

● 能力的陷阱

找到自己的优势,别纠结于所谓的"短板"

我们知道,任何人都不会随随便便成功,他们都付出了常人无法企及的努力,同时,想要成功,就要突破,就不能安于现状。要想突破,就要从现在开始,找准方向,逐步经营自身优势,抓紧时间提高自己,拼搏出属于自己的一片天地。

的确,那些聪明的人,总会去做自己擅长的事情,因为做不擅长的事情,就算我们再努力,顶多也就是不会被别人落下太远,要想出人头地是很难的。而做我们擅长的事,则可以让我们有更高的可能性成为那个领域的精英,少走许多弯路,更加轻松地走到成功的顶点。

伊辛巴耶娃,俄罗斯女子撑杆跳运动员,是世界上第一个越过5米高度的女运动员。可以说,在撑杆跳这一运动中,她确实是非常出色且成功的,但人们不知道的是,她最初的梦想并不是撑杆跳,而是体操。

伊辛巴耶娃从小就痴迷于体操,她的梦想是有一天能成

第03章　跳出你的舒适圈，主动挑战未知和全新的事物

为世界体操冠军，为了实现自己的梦想，她坚持每天练习，无论是严寒还是酷暑，她都不会有一丝懈怠。遗憾的是，随着年龄的增长，她的身高越来越高，对于一个体操运动员而言，高挑的身材反而是一种缺陷。比如，其他运动员能够翻四个跟头，太高的伊辛巴耶娃却因为个子太高只能翻两个半。显而易见，伊辛巴耶娃1.74米的身高在体操队中没有任何竞争优势。

这该怎么办？如果继续练习体操，那么很明显是无法有出色的成绩的。于是，经过客观和冷静的分析后，她果断地告别了体操队，不过她依旧没有放弃自己曾经的梦想——成为世界冠军。她想到自己个子高，于是，她又将梦想寄托在能够充分发挥自己身高优势的撑杆跳运动上。

经过不懈地努力，终于，伊辛巴耶娃在撑杆跳运动中赢得了举世瞩目的成就。她在24岁时就成为了历史上最出色的女子撑杆跳运动员，曾28次打破世界纪录，拥有5项重要赛事的冠军头衔：奥运会，世界室内、室外锦标赛，欧洲室内、室外锦标赛。

富兰克林曾说："宝贝放错了地方就成了废物。"我们每个人都要找准自己的方向，学会经营自己擅长的项目，这样

才能够让自己的人生增值，而经营自己的短板，只会让自己的人生贬值。伊辛巴耶娃无疑是聪明的，她放弃了自己喜欢但不能发挥自己优势的体操运动，转而选择自己更具优势的撑竿跳运动，从而成就了自己的世界冠军梦想。

所以，我们不能把时间浪费在难以弥补的缺点上面，不要让所谓的"短板"阻碍自己的成功之路。那么，我们该如何经营自己的优势呢？

1. 准确定位自己

一个人需要了解自己擅长的领域，努力让工作向这些擅长的方面靠拢，这样就可以最大限度地发挥自己的才能，做事情也更容易成功。对自己有了准确的定位，就会知道自己在干什么、为了什么、未来会成为什么，有了信念，才会努力奋斗。

我们可以给自己一个清晰而合理的目标，在较短的时间内、正常的努力幅度下，它是我们高高地踮脚就能够到的，这样的目标才会对你的人生产生推进的作用。而那些看似远大，只能当作谈资而最终束之高阁的理想，最终成为一种妄想。

只有每次只面对一天，并且把每一天都当作一辈子来过，我们才会万分珍惜这宝贵的每一分、每一秒。把每一天都当作一辈子来过，那么，谁还会有时间去挥霍、去做些无用功呢？

2. 寻找到合适的方向

只知道跟在别人身后漫无目的地奔跑，结果只会迷失方向。现实生活中，是否也有很多这样的人呢？拥有自己的方向，并懂得努力的人，才会在生活这唯一一次的竞赛中取得优异的成绩。

荷马史诗《奥德赛》中有一句至理名言："没有比漫无目的地徘徊更令人无法忍受的了。"没有方向的迷茫会造成内心的恐慌，在徘徊中挣扎，最终不过会度过一个平庸的人生。无头苍蝇找不到方向，才会处处碰壁；一个人找不到出路，才会迷茫、恐惧。所以，找到前进的方向比努力自身更重要。

3. 切实提高自己各方面的能力

一个人只专注于某一方面的特长或者某一爱好，一般在此方面投入的精力就会更多，期望也就越多，一般也就容易取得成绩，也容易自满，但"人外有人，山外有山"，即使你这次成功了，也并不一定代表着你永远都会成功。而如果你能培养多方面的能力、兴趣、爱好等，那么，你在拓宽视野的同时，也会学习到各种抗挫折的能力、知识、经验等，具有较完善的人格，这对于提高自己的工作能力、交往能力、学习能力和应变能力都有很大的帮助，也能为你独自战胜困难提供勇气和方法。

4. 勇于创新

骄傲自满,你将很快就被超越,只有不断进步才能获得更强的竞争力。然而,没有创新就不可能进步。因此,你应该将自己的求知欲望激发出来,鼓励自己多参与动脑、动手、动眼、动口的活动,积极地发现问题、提出问题,并尝试用自己的思路去解决问题。

任何人要想不断进步,都必须保持谦逊的心态,脱胎换骨,虚心学习,全面接受新知识,全面适应新环境,全面构建新素质,而不能骄傲自满,更不能自以为是。

多方面提升自己，才能在职场抬高自己的身价

不管是在生活中，还是在职场上，每个人都希望提高自己的身价，这样才有竞争力，才有话语权，也才能从众多人才中脱颖而出。然而，身价的高低并非取决于我们内心的渴望，更多的时候，我们只有提高自身的价值，才能如愿以偿地抬高自己的身价。可以说，你的价值，决定了你的身价。

如何提升自己的价值呢？在很多人的心目中，自我提升就是去学习，去取得一个更高的学历。其实，提升自我价值并非如此片面的。因为人应该全方位发展，而决定我们身价的并非只有学历。因而，我们应该从多方面提升自己，包括学历、知识、内涵，也包括仪表、心态、工作能力和社交能力等。总而言之，自我价值应该符合社会对人才的多元化要求，也应该符合我们自身的情况。现实生活中，很多人都以自我为中心，一旦自身价值受到损害，就会抱怨连天，抱怨命运不公，抱怨他人的阴谋诡计，却唯独忘记从自身出发，考虑问题究竟出在哪里，如何才能更好地弥补损失。

○ 能力的陷阱

现代社会正处于知识大爆炸的时代，知识更新的速度是前所未有的。如果在时代的洪流中我们不能保持前进的速度，就会导致自己不进反退。在这种情况下，每个人都应该养成终身学习的好习惯，唯有如此，我们才能更加与时俱进。

小薇进入公司已经三年多了，但是最近在公司内部的竞聘中，原本胜券在握的她，却输给了进入公司比她晚一年的夏雨，错失办公室主管的位置。其实，论经验和能力，小薇都不比夏雨差，最重要的是，小薇的工作经验也更丰富。思来想去，小薇都觉得心有不甘，因而特意找到负责晋升工作的刘总，问清楚了原因。原来，夏雨在进入公司之后，就报名参加了提升学历的自学本科课程，而且是人力资源管理专业，再有一年就毕业了。因而公司领导从长远考虑，觉得夏雨更适合办公室主管的职位。和夏雨相比，小薇的专科学历和文秘专业，则显得薄弱了些。

了解原因之后，小薇不再感到愤愤不平，而是深刻反省自己，觉得自己学习意识不足，没有做到更加积极主动地提升自己。为此，她痛定思痛，也报名参加了业余本科的学习，专业是财务管理。原来，小薇一直对财务方面的工作很感兴趣，因而她准备在学历提升之后，申请进入财会部门工作，从而给自己更大的发展空间。这件事情更使小薇深刻意识到，一个人的身价取决于他的价值，而价值的提升是体现在多个方面，并且要与时俱进、持续不断的。因而，她决定在未来的工作中，始终保持学习的状态，也要注意从多方面提升自己的价值，这样才能增加自己竞争的筹码。

事例中的小薇，之所以失去了在竞争中的优势，就是因为她的学习意识不足，在学习上缺乏主动性。幸好，在知道问题所在之后，她马上调整心态，积极地投入学习，极力缩短自己与夏雨之间的差距，为下一次的竞争储备能量。

一个人的价值，无疑是他在职场上竞争的筹码。很多大学生拥有了高学历，就觉得自己一定占据竞争的优势，其实不然。现代职场除了讲究学历之外，也会讲究经验、人际交往能力、合作能力等。因而，我们除了像小薇一样保持积极的学习态度之外，还要注意从各个方面提升自己。不可否认的是，现代职场的竞争形势异常激烈，在职场上，同事之间因为利益结成了最坚固的同盟，也会因为利益瞬间化友为敌，变成处于对立状态的竞争对手关系。因而，我们必须时刻保持理智和清醒，以最佳的状态随时准备与同事之间进行公平的竞争。毫无疑问，你的价值、你的能力，决定了你在职场上随时参与竞争

● 能力的陷阱

的筹码。

任何时候，都不要羡慕别人轻而易举地得到了千载难逢的晋升机会。要知道，他们在你看到的光鲜背后，一定付出了你所难以想象的辛苦。任何人得到机会，都离不开自己的努力，因为机会不会无缘无故地青睐任何人。我们必须保持最大的优势，随时提升自己的价值，提高自己的身价，这样才能在职场上如鱼得水，游刃有余。

没有冒险的人生，就没有任何进步

我们都听过一句话：第一个成功的人，往往是那个第一个"吃螃蟹的人"！人们也常说："没有人能随随便便成功。"这句话是说，成功需要很多因素。而我们又发现，一个成功的人，他之所以成功并不都是因为他的勤奋，还因为他善于找到一条属于自己的成功路，他拥有与众不同的思想和快人一步的行动；而那些失败的人，也并不全是因为不够努力，而是因为他们人云亦云，总是在走别人的老路。因此，我们都要清楚一点，想要成功，就要敢于出头，做有个性的人。事实证明，那些畏畏缩缩、走在他人身后的人是不会有什么大作为的。

在现代社会，不敢冒险就是最大的冒险。没有超人的胆识，就没有超凡的成就。生活中的人们，你也需要勇敢地冒险，勇于尝试，这样，你就有了做第一个成功者的机会。胆量是使人从优秀到卓越的最关键一步。

很多成功者为什么能白手打天下？就是因为有敢为天下先的超人胆识。比尔·盖茨靠什么法宝建立了他的微软帝国？他

◎ 能力的陷阱

的公司为何在竞争激烈的市场中独占鳌头而历久不衰？

在比尔·盖茨看来，成功的首要因素就是冒险。在任何事业中，如果把所有的风险都消除掉，那么自然也就把所有成功的机会都消除掉了。他自己的一生当中，最持续一贯的特性就是强烈的冒险天性。他甚至认为，如果一个机会没有伴随着风险，这种机会通常就不值得花心力去尝试。他坚定不移地认为，有冒险才有机会，正是有风险才使得事业更加充满跌宕起伏的趣味。

比尔·盖茨是一个具有极高天分、争强好胜、喜欢冒险、自信心很强的人，他在本行业的控制力是惊人的，以至于有评论说：微软公司正在屠杀对手，看来似乎将要垄断软件行业了。

事实上，对自己冒险精神的培养，比尔·盖茨从学生时代就开始了。他在哈佛的第一个学年故意制定了一个策略：多数的课程都逃课，然后在临近期末考试的时候再拼命地学习。他想通过这种冒险，检验自己怎么花尽可能少的时间，得到最高的分数。他做得很成功，通过这个冒险他发现了一个企业家应该具备的素质：用最少的时间和成本得到最快、最高的回报。

他总是在培养自己好斗的性格，因而被人骂作"红眼"

（人在紧张时肾上腺素分泌增加，眼球充血，导致眼睛通红）。久而久之，他成为了令所有对手都胆怯的人物，因为他绝对不服输、绝对不会退缩、绝对不会忍让，更不会妥协，直到他自己取得了胜利。这种个性成为他创业时期最明显的特征，他令一个个对手都败在了自己的手下。

但是他同时又是一个最不满足的人。到了20世纪90年代，他已经成了世界首富，但是不满足的心理依然驱动着他继续自己的冒险事业。他在一次接受记者的采访时说："我最害怕的是满足，所以每一天我走进这间办公室时都自问：我们是否仍然在辛勤工作？有人将要超过我们吗？我们的产品真的是目前世界上最好的吗？我们能不能再加点油，让我们的产品变得更好呢？"

生活中，总是有这样一些人，他们认为自己心智成熟、考虑周全，却什么都不敢做，不敢去冒险。的确，风险可能会导致你失败，但也可能会使你获得意想不到的收获，不冒风险看似安全，但它只会使你的一生在平庸中度过。

平凡的人之所以没有大的成就，就是因为他太容易满足而不求进取，他一生只会盲目地工作，赚取足够温饱的薪金。不甘于优秀，超越优秀，成为卓越者，我们就可以把事情做得更好。

○ 能力的陷阱

今天的社会正在变成一个复杂的、充满不确定性的高风险社会。生活中的人们应该意识到，各种变化已经在你身边悄然出现，勇敢地投身于其中的人也越来越多了，如果你不积极行动起来，仍旧缺乏竞争意识和忧患意识，安于现状、不思进取，如果你还没被惊醒的话，就会被时代所抛弃，被那些敢于冒险的人远远甩在后面。敢于争夺第一、充满冒险精神，是每个成功的冒险人给我们的启示。

席巴·史密斯曾说："许多天才因缺乏勇气而从这世界上消失。每天，默默无闻的人们被送入坟墓，他们由于胆怯，从未尝试努力过；他们若能起步，就很有可能功成名就。"任何人，一旦甘于平淡和默默无闻，那么其结果也就是平淡。哀莫大于心死，只有积极进取，才能勇于尝试。

当然，我们还应该注意的是，勇气常常是盲目的，因为它没有看见隐伏在暗中的危险与困难，因此，勇气不利于思考，却有利于实干。所以，林肯说："对于有勇无谋的人，只能让他们做帮手，而绝不能当领袖。"

总之，敢于走在人前的人是有勇气的，但敢于冒险并不等于有勇无谋，有道是："富贵险中求，成功细中取。"冒险绝不等于蛮干，它是建立在正确的思考与对事物的理性分析之上的。

第04章

摆脱关系陷阱的束缚,
扩大你的人脉圈

现代社会，人脉的重要性毋庸置疑，人脉是一个人通往财富、成功的门票。然而，有些人对"关系"这个词很反感，认为这是拉帮结派，利用所谓的"裙带关系"。其实，任何时候，我们都要承认，为自己结好一张结实的人际关系网，是我们立于世的长久之计。然而，人脉拓展是一项长期的工作，我们唯有眼光长远，才能开发出良性的人脉资源，让它成为我们事业成功的助推器！

思维定式会造成人际交往陷阱

在前面的章节中，我们提到了"能力陷阱"这一概念，其实除此之外，个人发展中的障碍还有关系陷阱。所谓关系陷阱，指的是很多人对建立人际网络有着排斥心理，认为为了实现自我利益，主动地、带有目的性地建立社交网络是虚伪、功利的；或者对主动、带有目的地建立人际网络感到厌恶，只接受自然而然建立起来的关系。

这些社交陷阱会让我们的圈子越来越小、越来越封闭，到了一定的阶段时，人际关系还会成为你发展的短板。

实际上，我们任何人都要明白的是，单丝不成线，独木不成林。任何大事都是由众人合作完成的，不是个人的能力问题。没有汉初三杰的合作，刘邦不可能建立汉朝；没有桃园三结义，刘备怎么可能建立蜀汉，三分天下？由此可见合作的重要性，同样，现代社会，我们若想提升个人发展，就要注重人际关系的建立与扩展。我们先来看下面一个故事：

● 能力的陷阱

小王从小就有个梦想，那就是当一名演员，如今，他遇到的苦恼是，虽然自己长相很好，也很有实力，但一直缺少个机会崭露头角，那些名导演、名制片人似乎都不愿意与新人合作。因此，提高自己的知名度是他当下的工作。他非常需要一个公共关系公司为他在各种媒体上做宣传，但是他没有钱，也没有机会。

一次偶然的机会，他在朋友的聚会上认识了莎莉文，这是个很会交际的女孩，她曾经在纽约一家最大的公共关系公司工作过好多年，不仅熟知业务，而且也有较好的人脉。几个月前，她自己开办了一家公关公司，并希望最终能够打入有利可图的公共娱乐领域。但是让她烦恼的是，到目前为止，一些比较出名的演员和歌手都不愿与她合作，她的生意主要还是靠一些小买卖和零售商店来维持。

于是，小王和莎莉文，立即联手。小王成了莎莉文新公司的代理人，而她则为他提供出头露面所需要的经费。这样小王不仅不必为自己的知名度花钱，而且随着名声的扩大，也使自己在业务活动中处于一种更有利的地位。同时莎莉文也借助小王的名气变得出名了，很快就有一些有名望的人找上门来。二人各取所需，合作达到了最高境界，他们的关系也因此变得更加牢固。

从小王的故事中，我们发现，在当今社会，如果你想成功，如果你想获得财富，那么，你就必须学会与人合作，而人脉的最高境界就是互利，在此之前，我们必须认识到突破关系陷阱的重要性。为此，我们需要做到以下几点。

1. 消除心理成见

可能你会认为，这样建立起来的友谊不就是功利性的了吗？可是，哪一段友谊能完全摒弃功利呢？完全没有功利色彩的友谊是不存在的。举个很简单的例子，当你认为某个人身上有你没有的技能时，你会选择与之结交，但当你发现他其实是个腹中空空的草包时，你恐怕对他也不会有多大兴趣。然而，生活中，我们经常听到一些人抱怨朋友不讲交情，不够义气。其实，引起抱怨的主要原因就是自己的某种需求没有得到满足，而这种需求何尝不是功利性的呢？

谁不希望结识那些能力强的人呢？那些能力强的人往往能帮助我们找到财富之源。可以假设一下，如果对方能为你提供一次做大生意的机会，你会拒绝吗？

2. 学会为人所用，体现自己的价值

"被利用"的价值，这个词听起来好像也过于功利了，然而人际关系心理学家认为，只有互惠互利的人际关系才是健康的、长久的。虽然我们的社会提倡奉献和利他精神，但这是一种

○ 能力的陷阱

最高层次的人际交往境界，很难要求所有人都做到这一点。

朋友之间的关系不是索取和奉献，而是彼此互求互助。由此可见，如果你想赢得朋友，那就必须在你们之间建立起一种互利关系，这是牢固你们关系的一个根本。

人之所以需要与人交往，大多时候，都是想从交往对象那里获得对自己某些需求的满足，这种满足，既有精神上的，也有物质上的。所以，按照人际交往的互利原则，人们实际上采取的策略是：既要讲感情，也要有功利。可以说，人际交往中的互惠互利合乎我们社会的道德规范。

想出人头地，就不要拘泥于现在的圈子

人生在世，谁都想扶摇直上、成名成事，谁都不想一生默默无闻。当今社会，成功是人们梦寐以求的事。漫长的人生之路上，有些人为追求成功付出了莫大的代价，最终却事倍功半。他们经常自怨自艾，他们满腹经纶，却始终没有出人头地的机会。事实上，要想成功，仅有旷世的才华还远远不够，还要拥有高质量的人际关系网。当今社会，已经不是一个单枪匹马就可以打天下的年代，完成任何一件事都需要人与人之间的通力合作，一个人成功与否，很大程度上取决于他会不会应酬交际、能不能充分利用人际关系网。

当然，我们每个人都希望拥有和谐的人际关系，并且长久地保持这种人际关系，但这取决于很多因素，而其中最主要的因素还是我们自己。外因要通过内因起作用，我们只有克服自身的弱点，才能编织出良好的人际关系网。在生活中，我们常常会产生一些困惑。对于那些油滑的人，也就是八面玲珑的人，我们都非常讨厌；但我们又不时地羡慕那些在别人面前游

○ 能力的陷阱

刃有余、人际关系不错、办事有一套办法的人。其实，我们也应该学会走出这种心理误区，学会利用好人缘办事，这样，才能更惬意地适应社会。

西方有句名言："与优秀者为伍。"日本有位教授通过对财商的研究，得出一条结论："穷，也要站在富人堆里。"认识关键和重要的人物，当然不是要你非常势利地去交际。但很明显，知己、好友、有益的朋友、重要的朋友，我们都需要。也不一定需要追求看得见的帮助，许多成功者可以给我们带来新的观念、价值、经验。

我们要善于认识关键性的重要人物，就要做到以下几点。

1. 不局限于你经常接触的圈子

除非你本身已经是个很高端的人物，否则你应努力拓展你的社交圈子。譬如学生可以争取以志愿者的身份参与各种重要活动、成功人士讲座、校外会展等；毕业生则可以争取进入一流大公司，通过职业交际结识更多的杰出人士。

6岁时，小波克随着家人移民至美国，他在美国的贫民窟长大，一生中仅上过6年学。上学期间，他仍然要每天工作赚钱。13岁时，他放弃学业，到一家电信公司工作。然而，他并没有就此放弃学习，他坚持自修，最重要的是他非常有远见，很早就懂得经营人际关系。他省下了工钱、午餐钱，买了一套《全美名流人物传记大成》。

接着，他做出了一个让任何人都意想不到的举动，他直接写信给书中的人物，询问他们书中记载的童年及往事。例如，他写信问当时的总统候选人哥菲德将军，他是否真的在拖船上工作过。他又写信给格兰特将军，问他有关南北战争的事。

那时候的小波克年仅14岁，周薪只有6元2角5分，他用这种方法结识了美国当时最有名望的诗人、哲学家、作家、大商贾、军政要员等。那些名人也都乐意接见这位可爱的充满好奇心的波兰小难民。

小波克因此获得了多位名人的接见，他决定利用这些非同寻常的关系改变自己的命运。他开始努力学习写作技巧，然后向上流社会毛遂自荐，替他们写传记。不久之后，他便收到了像雪花一样纷至沓来的订单，他甚至需要雇用6名助手帮他写传记，这时的波克还不到20岁。

不久，这个传奇性的年轻人，被《家庭妇女杂志》邀请担任编辑，并且一做就是30年，将这份杂志办成了全美最畅销的著名妇女刊物。

一个只读过6年书的孩子获得了成功，他靠的不是自己的专业知识，而是他出色的人际关系，因为他懂得为人际关系付出，他主动要求为上流社会的人写传记，从而快速地跻身上流社会。是特殊的人际关系，让他从一个一无所有的小难民，成为成功人士。

2. 要学会察人

人际交往中的察人，指的是从细小处掌握对方的动态。其实，生活中，很多时候，我们人生道路上的贵人也许不是位高权重者，但他一定具有一些内在的优秀潜质，我们要善于发现。我们可以从他的神态、表情中探察其内心世界，从言谈举止中细品其生活品位的高低雅俗。这是一门巧识人心的绝艺，当然，这需要我们有慧眼识人心的洞察术，能一眼洞穿别人。

3. 要完善自身

固然，通过交际结识生命中的"贵人"是我们成功的重要手段，可是自身素质的高低始终是决定我们成功与否的主要因素。

做到以上这些，我们不仅能在交际中如鱼得水，还能找到自己的社会位置，从而让我们有用武之地，能发挥自己的能力，让我们的人生不再暗淡。

人际关系是一种社会才能，每个事业成功的人都有一个秘密，那就是他们拥有足够的社交智慧。或许，他们没有出众的才华，但是他们依然可以利用好人缘让自己的人生惬意无比，因为他们深知无论何时，"单枪匹马"必然"孤掌难鸣"！

○ 能力的陷阱

跳出人际关系的陷阱，多结交优秀的人

现代社会，人们常说要"努力结交比你优秀的人"，多结交一些成功人士的积极意义在于，精英能帮助我们开阔眼界，激发我们奋发的心。的确，朋友是我们生命中的一个重要组成部分，对人的一生有很大的影响。交上什么样的朋友，就会有什么样的命运。只有与一流的人物交往，才能促使自己也成为一流人物。那么，我们该如何结交此类人物呢？

1. 结交能与自己互补的朋友

在这个世界上，没有一无是处的人，任何一个人的身上，都一定会有你所不具有的东西。我们交朋友的目的，就是让自己进步。因此，如果你自己在某方面有缺陷，而另外一个人在这方面表现得很优秀，你就应该去主动和他成为朋友。其实，决定交往对象范围的主要因素，就是"需要的互补性"，即所谓"缺什么就补什么"。通过向优秀的人学习，弥补自己的缺陷，为自己打破各种无形的界限，才能让自己的能力进一步拓展。

可以想象，如果大家都固守在自己的领域里，不与他人往来，那我们彼此的能力、经验等都得不到交换和互通，也就都得不到进步，而如果大家成了朋友，并彼此交流和互换能力，那么大家的能力就都会成倍增长！

2. 与积极者为伍

与什么样的人交往，你就会形成什么样的精神风貌。与那些消极悲观者交朋友，你就会变得保守、自私，你的生活也会变得单调，不利于你形成勇敢刚毅、心胸开阔的品格。很快你还会变得心胸狭隘，目光短浅，原则性丧失，遇事优柔寡断，安于现状，不思进取。这种精神状况对于想有所作为或真正优秀的人来说是致命的。而相反，与那些比自己优秀、精神意志比自己坚强的人交往，我们多少会受到一些精神上的鼓舞和激励。我们可以根据他们的生活状况改进自己的生活状况，我们可以通过他们开阔视野，从他们的经历中受益，不仅可以从他们的成功中学到经验，而且可以从他们的失败中得到启发。如果他们比我们强大，我们还可以从中得到力量。

○ 能力的陷阱

我们都很"自恋"且"懒惰"

曾经有这样一项社会研究,测试人员询问受访者以下哪一点是职业关系中最重要的决定性因素,并要求他们在其中选出一个:

(1)聪明才智;

(2)吸引力(包括外在美和内在魅力);

(3)相似度;

(4)地理位置相近;

(5)社会地位高。

而被测试的人大多数选择了"相似度"(正确答案),或是"吸引力"("相似度"的另一种说法),因此研究结果表明,那些与我们相似的人更容易影响我们。当然,我们也许会被一个人的聪明才智所吸引,或是因为其社会地位高而崇拜他们。但是这里我们所说的是互相吸引,只有当两个人有相似的聪明才智和地位背景时,两人之间才会产生互相吸引的化学反应。

第04章 摆脱关系陷阱的束缚，扩大你的人脉圈

我们将这种行为称作关系构成中的"自恋原则"，这是社会科学研究数十年来总结出的一个非常强有力的研究结论。通常情况下，我们自然而然地会被那些与我们相似的人吸引。在他们的想法还没有被证实是否可行之前，我们就会对他们给予肯定，并帮助他们创造更多的条件来增加其想法的可行性，从而使彼此之间的关系得到进一步发展。在受到威胁或是模棱两可的情况下，"自恋"感会越发强烈，因为我们需要依靠他们来寻求安全感并获得肯定。

进化心理学家解释说："这是一种原始本能，来源于史前时代的生存环境。在那时，我们需要快速确定一个陌生人是潜在的朋友还是敌人，如果判断出现错误，那么我们会付出惨重的代价。"

一些学者指出，我们习惯用"和我很像"这一指示语来评价一个新加入者，这样的思维倾向是很难改变的，即使是在这样一个需要多元化的商业世界里也很难改变。例如，一系列著名的研究发现，求职面试的成功与否取决于面试官在最开始的几分钟内对你的第一印象。如果双方一开始就有很多共同点，比如双方是老乡，或是同一个学校毕业，或是有一个都认识的朋友，这样求职者应聘成功的概率会大大增加。

如果没有这些共同点，彼此之间就很难产生关联。比

如，在同一个公司，大家来自不同的地方，但是既然大家就职于同一家公司，势必有很多共同点，但是在就餐时间，大家还是习惯于和自己的老乡、同学坐在一起。在一个公司内部，同样会分成不同的"部落"——同一个"部落"里的人有着同样的技术专长、行业术语、行为准则、地域文化、教育背景、事业前景等。

调查结果显示，在"相似度"之后第二重要的决定因素是"地理位置相近"。我们不仅"自恋"，而且还"懒惰"。我们喜欢接触那些容易接触到的人，因为那样不需要付出太多的努力。比如，一个公司的办公室分散在不同的地方，那么通常情况下，大家只会与邻近办公室里的人建立联系，甚至是只和同一楼层里的人建立联系，并且大多数人都是来自同一部门或是同一小组的。一项有重要意义的研究发现，一栋楼的邻里间产生友谊的可能性要远远大于不同楼里的人们产生友谊的可能性。很多友谊都是在同一楼层里的人之间产生的。

在公司，同一个部门的同事更容易成为关系更好的人，除了因为他们有共同的技术专长、行业术语等，还因为去了解别的"部落"的人需要花费更多的时间与精力，因此就有了"懒惰原则"。

然而，如果你的人际关系网络是在这种"自恋"和"懒惰"的原则下产生的，那你可能很难跟上世界发展的最新趋势，更别提去领导别人了。

事实上，更广的人际关系对你大有裨益：

（1）使你变得消息灵通，更容易获取新的信息。

（2）使你更有创新精神。与有不同思维方式的人交流，学习用不同的角度思考问题，格局会变得更大。

（3）能够在你遇到困境的时候，帮助你脱困。有句老话叫，朋友多了路好走。

总之，在个人提升中，维持并开拓自己的人际关系是一种必要的投资，因此，我们需要摆脱"自恋"和"懒惰"原则，多接触一下和自己持不同意见的人。

● 能力的陷阱

寻找你的人际关系"结构洞"

现今的时代是一个竞争十分激烈的时代,一个人想在这个时代脱颖而出,的确不是一件容易的事。因此,不仅需要个人的努力和聪明才智的展示,还需要获得他人的帮助。也许你是一个十分聪明的人,有着足够的胆识和谋略,但是,如果你得不到别人的帮助,那么你就只能自己默默地付出。因此,我们要善于借他人之力,如果你生活的圈子中有能助你成功的贵人,那么,千万不要放过与之结交的机会。

不得不说,理论上,想要发展人际关系,认识越多的人越好,但是事情远没有这么简单。如果你想让你的人际关系成为你的优势,那么你需要建立你的人际"结构洞"。人际"结构洞"有以下三种特点。

1. 广泛性

就是要保证你的人际关系的多元化。你不但要和你的上司搞好关系,还要和下属也搞好关系。因为你管理不好你的下属,就无法很好地完成上司交代的任务。无法完成上司交代的任务，你做什么都枉然。你和下属的关系对于你获得上司的认同，有很大的帮助。

在公司内部不但要认识本部门的同事，还要多认识些跨部门的同事，也要多认识一下公司外部的人员。他们会给你带来一些新的想法。认识不同领域的人，才能接触到更大的世界。

2. 连接性

人际关系的连接性就是，你可以作为桥梁连接一些没有关联的人和团队。

著名的"六度分隔理论"的基础就是连接性。

现在请你思考一下，你与盖茨之间相隔几个人？答案是六个！对此，你可能感到很怀疑，但哈佛大学的心理学教授在1967年提出："你和任何一个陌生人之间所间隔的人不会超过六个，也就是说，最多通过六个人你就能够认识任何一个陌生人。"可能你会说，我们都不知道盖茨在哪里，怎么会认识他呢？但其实，你们之间只隔了六个人的距离。现实当中，很多人总是苦于找不到社会关系，也不知道如何改善这种尴尬的局面。但其实世界上任何地方的两个人之间都最多只有六个人的距离，不管这两个人相差多远，或者多么的遥不可及。实际上，每个人都有足够的社会关系潜力，只是你没有挖掘罢了！

我们要认识不同的人，就是为了把他们连接起来。上司

○ 能力的陷阱

需要我们把下属和他连接起来，公司内部需要我们和公司外部连接起来。

我们都有这样的经验：如果你发现某个陌生人认识跟你关系很好的人，你们很快就能建立互相信任的关系。而人与人之间最重要的就是信任，你可以作为信任的基础，连接不同的人群。

的确，每个人潜在的关系网都比自己正在利用的要广大得多，你之所以不满意你现在的状况，就是因为你没有挖掘自己的人际潜力。你实际上所拥有的人际网络，可以延伸到与你经常联系的人之外，包括你与之共同工作或曾经一起工作的人，以前的同学、校友、老乡、朋友，还有你遇到过的小孩的父母及亲戚，你参加会议时所遇到的人，甚至是和你同走在一条路上的行人。

3. 动态性

如果职位变动了，换工作了，到了一个陌生的城市，我们就会觉得，自己好孤单，甚至会跟以前的朋友诉苦，很长一段时间内都没有新的朋友。我们会被过去形成的人际网络束缚，而难以开展新的人际关系。

我们要知道，人际关系网络，是面向未来的。当你从一个不需要接触什么外部关系的技术人员成为管理层，因而需要跟客户、公司内部高层和更多的人接触时，可能会感觉力不从心。但你必须去拓展你的人际关系网络，你的工作才能够开展得下去。所以当位置变了、工作内容变了，人际关系网络也得变。

总之，人际交往的优势就是广泛性、连接性、动态性的结合。人际关系网络中的这三大特性是相辅相成，相互关联的。如果你没有这些优势，你就没法建立新的关系，你的关系就会越来越少。

○ 能力的陷阱

如何搭建你的多维人脉网

在扩展人际关系的过程中,我们需要把自己的人际关系网络进行合理配置。可以把人际关系网络分成三种类型:运营关系、个人关系和战略关系。

1. 运营关系

包括下属、上司、单位其他部门的人和单位以外一些重要的人,如供应商、经销商和顾客。他们主要帮助你处理日常的工作任务和短期的工作需求,实现你的职能目标。因为这些关系网络主要是由工作和组织结构决定的,所以你不能随意支配。

巴纳斯是大发明家爱迪生生前唯一的合伙人,他是一个意志坚强、勤奋努力的人。当初他一无所有,只能在爱迪生那里谋到一份普通的工作,做设备清洁工和修理工。当时爱迪生发明了留声机,但是公司的销售人员不能把它卖出去,巴纳斯这时主动申请做了留声机的销售员,但工资依然是清洁工的薪水。当时这种机器不是很好卖,巴纳斯跑遍整个纽约城才卖了7部机器,应该说已经是一个不错的业绩了。但巴纳斯并不满意,他通过总结这段时间的销售经验,苦思冥想制订了留声机的全美销售计划,然后把计划拿到爱迪生的办公室。爱迪生看过后,非常高兴,很欣赏他的计划,也为他的努力和细心而感动,同意巴纳斯成为他的合伙人。从此巴纳斯成为了爱迪生一生中唯一的一位合伙人。

巴纳斯的辛勤工作和具有创造性的计划得到了老板的赏识,也因此,巴纳斯从一名小小的清洁工雇员成为了爱迪生的合作者。

一个小小的清洁工从此和世界上著名的发明家成为搭档,巴纳斯的成功来自于爱迪生的赏识和帮助,这就是"贵人"的作用。

2. 个人关系

包括家人、朋友以及和你关系亲密的其他人。如和你有共同兴趣的人,你通过工作、校友会、俱乐部、慈善机构认识的人等。多元、广泛而良好的个人关系网络,可以扩展你的职业视野,给你提供发展支持,帮助你扩展个人发展空间。个人关系需要花费很多的时间和精力来经营,但你可以

● 能力的陷阱

随意支配这种关系。

陈兴是一名自动化专业的高才生，一直志向远大的他希望在毕业后有自己的自动化公司，但他自己也清楚，一切得从基层做起。于是，毕业后，他便就职于一家中型的自动化公司，从事起智能家居的销售工作。但这毕竟是一种新型家居模式，因此，做起销售来也并不如想象中的那么简单。

刚开始工作的几天，陈兴为了寻找到客户资源，不断地拜访公司的前辈，甚至包括那些已经不在职的销售员，但这并不奏效，那些前辈们对他的请教也只是敷衍了事，并未透露一个客户的名字。后来，陈兴又去上网查资料，可是，他还是没找到什么有用的资料。

接连几个星期的"战斗"，已经让陈兴疲惫不堪了，他也产生了放弃的念头。

这天晚上，他像往常一样，拖着疲惫的身体回到家，然后躺在沙发上，没精打采地对母亲说："我想放弃这项工作了。"

"为什么？出什么事了？怎么上班还没几天就说不干了呢？这可不是你的作风！"母亲提出一连串的质疑。

"我也知道，我现在所做的工作是为了锻炼自己，为以后创业打基础，但做销售最重要的就是有客源，我一个新手,从哪里找客源呢?那些老前辈们会透露一点,但他们一个客户名字都不愿意跟我说。"

"那你就从别的方面下手啊。"

"这点我知道,但我从事的这种销售,与正常意义上的销售有所不同。这产品价格很高,谁买的时候,都会再三考虑,所以,销售起来也就很困难。"

"我倒想起来有个人可以帮你。"母亲提示道。

"谁呀?"

"你舅舅呀,你忘了他有个装修公司?给人装修,可以顺便介绍客户给你呀,现代社会的人,在居住方面也逐渐走智能化和现代化的路线了,一定会有人购买的。"

"对呀,我怎么没想起来?"

母子二人商量后,就给陈兴的舅舅打了个电话,陈兴的舅舅当即就答应帮陈兴的忙。幸运的是,过了几天,陈兴就得到了舅舅的回复,很多人愿意尝试这种智能家居的安装。后来,陈兴就逐渐利用舅舅的人脉关系,挖掘到了很多新的客源,他的生意也就火了起来。

在这个故事中,年轻人陈兴在工作上遇到了问题——因寻找不到客户资源而苦恼,但庆幸的是,他母亲的话点醒了他，他很快找到了可以解决问题的方法——从自己的舅舅开始，逐步开发客户资源。这一方法很奏效，陈兴的生意自此有了起色和突破。

的确，我们发现，那些生意成功的人，大多数都爱动脑筋，他们懂得动用自己的个人关系积累人脉，做起生意来也顺手得多。香港企业界流传着一句销售格言："亲戚朋友是生意的扶手棍。"的确，一般情况下，关系亲密的人始终是支持我们的，所以，通过他们来扩展人脉会轻松得多。

3. 战略关系

是指在你未来发展道路上可以帮助你的关系。这类关系最难获取，应由哪些人构成也往往不太明显，需要自己根据情况进行分析判断。

总之，搭建起你的多维人脉网，就能一步步将人脉资源逐渐扩散开来。但这中间，需要我们维护好和周围人的关系，因为一个令人生厌的人，是很难得到他人的帮助的！

在公司内外建立人际关系网

在现代社会，要生存、要发展就必须具有较强的竞争力。无论我们从事什么工作，要成功，就必须要有人脉。人脉好，就能得道多助，在与对手的竞争中就会处于优势地位。因此，我们绝不可封闭自己，而是要注重发展自己的人脉。对于现代职场人士来说，我们可以在公司内外都建立自己的人际关系网。

1. 自我展示

我们可以通过参加一些活动，例如校友活动、兴趣活动、行业聚会等来扩展自己的人际圈。

一天，在上海的某个商界宴会上，商界精英刘先生携自己的妻子准时到达现场。向在场的各位人士打完招呼后，他对身边的妻子说："那边有你喜欢吃的糕点，你去看哈撒。"在说这句话的时候，他的发音和普通话并不一致，而是很地道的重庆话，这引起了站在他旁边的另外一位先生的注意。很

○ 能力的陷阱

快,这位先生走了过来。主动地用同样的口音对刘先生说:"是的撒,那边的糕点据说是从法国请来的面点师做的,夫人可以尝哈。"两句话都用了地道的西南方言,使刘先生对他充满好感,两人相视一笑。

随后,他们二位便攀谈起来。两人发现,他们原来都是重庆江津人,20世纪90年代到上海来闯天下,这些年经历了很多不为人知的事,但没想到的是,二人还同时都是做皮具生意的,更让人惊奇的是,两人在生意上都出现了一些问题,而对方正可以为彼此解决问题,于是,好事成双,他们在交到朋友的同时,还做成了生意。

刘先生之所以能巧遇老乡,还能交到朋友,是因为对方在听到熟悉的乡音之后,主动表明自己是老乡,引起了对方的兴趣,因此,很快二人便交成了朋友。

2.利用你现有的网络向外扩展

你可以通过向别人展示你的优势的方式,和别人建立连接。利用你现有的关系,获得一些建议,然后分享给其他人。

新销售员小雨最近一笔订单是在机缘巧合的情况下签下的。她加入了一个校友群,在群里免费提供一些专业咨询,而群里的人在有这方面需求的时候,首先就会想到她。她用她的专业帮别人解决一些问题,那么其他人在有相关项目的时候就会想到她。她的公司可以承接群友的项目,她刚好可以代表公司跟对方牵线,促成双方的合作。

这里,小雨如果没有公司这个平台的话,是没办法接下这单合同的。同样,我们可以把现在的公司或者能力当成一个可以和他人连接的平台。

3. 维持关系

假设你有这样两个大学同学:你们三个人的关系很好,但大学毕业后,你和其中的一个同学去了同一个城市,你们经常见面,每次聚半天;而另外一个同学去了另外的城市,你们很少见面,也很少通电话。几年过去了,你会更喜欢谁?与谁更亲密?很明显是前者,这就是"多看效应",见面次数多,即使时间不长,也能增加彼此的熟悉感、好感、亲密感。相反,见面次数少,哪怕时间长,也难以消除因间隔的时间而产生的生疏感。同样,人际交往中,我们多增加与朋友接触的机会,自然就能融入对方的生活圈子。

比如,你想追求某个女孩,一次见面在一起待一天,还不如经常约见;再比如,你想通过汇报工作来赢得领导的注意

○ 能力的陷阱

与重视，一次性将你一个月的工作汇报完，还不如经常汇报。这一点，同样适用于人际关系的建立。要知道，为了给对方留下好印象，你一个人滔滔不绝地说话，效果反而不好。你不妨找机会多与对方见面，每次时间别太长。这样，能给对方一定的思维空间，让他回味你的为人，期待与你的下一次见面。

组织聚会让关系更加稳固

前面,我们分析了发展人脉的重要性,而发展自己的人脉,不仅包括扩展自己的人脉,还包括让关系更加稳固,而要做到这一点,常用的方法之一就是组织聚会。

刘先生经营着一家纺织厂,他已经三十多岁了,但还保持着二十几岁时的心态和激情,经常参加各种同学、老乡聚会等,即使他生意并不好,他自己也会经常组织聚会。

有一个周末,刘先生办了个小型的聚会,邀请朋友来家里聚聚。

这天,在酒桌上,他得知一个同学手上有一批积压的布匹,准备低价出售。当这位同学提到这事的时候,其他人都表示爱莫能助,但刘先生心想,这批布匹是外贸产品,在国内市场同样也可以销售出去,所以如果自己低价收购的话,还可以赚些中间利润,而最重要的是,这样做,可以让自己交到一个很好的朋友,大家是同行,也有助于双方间建立良好的合作

○ 能力的陷阱

关系。

但当他回到厂里的时候，很多老干部质疑他的这一决定：他们自己就是生产布匹的，厂里的货还没有发出去呢，怎么还接手这么个烂摊子呢？当他向这帮老干部说明个中利害关系后，大家都表示刘先生有先见之明。

果然，这位同学很感激刘先生，并表示以后他会把自己的老客户都转给刘先生，他还不断向自己的朋友夸奖刘先生，为刘先生介绍了很多的生意。就这样，在不到两年的时间内，刘先生的纺织产品风靡越南，他的生意也越做越大。

后来，刘先生常说："眼睛只盯着钱的人做不成大买卖。买卖中也有人情在，抓住了这个人情，买卖也就成功了一半。"

案例中的这位刘先生是非常聪明的，虽然他的生意并不好，但他始终保持着热情，懂得利用参加各种聚会来发展自己的人脉。如果当时他没有站出来为这位同学排忧解难，那么他便会损失很多这位同学介绍来的客户，而答应了收下这批货表面上吃了点亏，但他却交到了一个朋友，孰轻孰重，明眼人一看就知道了。

举办各种聚会、广交朋友，彼此之间经常联系感情，关系就会越来越稳固。要知道,人脉资源越丰富,支持我们的人也就越多,无论是做生意还是求人帮忙,也就顺利得多。这已经是有目共睹的不争事实。

现代社会,人们总是忙于自己的工作和生活,人人都有自己的生活,唯有聚会可以将这些人聚集在一起。因此,我们与人交往,既要学会有的放矢,又要广撒大网,因为建设人脉的前提是认识更多的人。你是否发现,你周围的生活圈子中的那些朋友已经很长时间没有更新了?是不是既没有增加新的朋友,也没有进行新类型的社交活动?如果是这样,那么你就要首先做好心态上的准备,任何事物都需要一个过程,在面对一个全新的环境、不同的面孔时,可能你会不适应,但很快,只要你适应了这一社交环境,你就能转而开创一个更新、更广的生活圈子。为此,你更应该积极地组织社交聚会,开拓新的社交场所。

那么,我们该怎样通过组织聚会来稳固关系呢?

1. 聚会需要个"借口"

你可以选择某个节日、某人生日或者某个有意义的纪念日,让你的朋友们聚在一起,这是聚会的最佳时机,这可以使大家都不感到突兀,从而自然而然地接受。

2. 注意组织聚会的时间和频率

组织聚会,最好在周末或节假日,这样才不至于打扰他人的工作，另外，不可过于频繁，谁也不愿意三天两头参加聚会。

3. 展开联系

单单开展聚会对于你稳固人际关系是无用的，在聚会上，你还必须与他们展开联系，多与他们联络感情，多问询他们的近况。如果对方有需要你帮助的地方，在能力允许的情况下，你也应当伸出援手，在互相帮助中，才能增进彼此间的关系。

当然，我们除了自己组织聚会外，还应多参加各式各样的聚会：在身边朋友举办的聚会中，你可以与他们进一步联络感情，为自己日后的发展打下坚实的人际基础；在公司举办的舞会上，可以尽情展现自己，展现自信大方的风采；在商务聚会上，你可以结识到那些成功的商界人士，为你的人生奋斗历程指明方向……这些无疑都会帮助我们拓展人脉资源！

多结交一些非同道中人

交际中,我们应该争取结交尽可能多的朋友,与身边的每一个人友好相处。其中有一个很浅显的道理,假如有一天你需要某领域的专业人士帮忙,而在你交往的圈子之中,刚好有一个这样的人,那他也许会看在你俩关系不错的份上,主动来帮你。即使他不关照你,那也不会针对你。相反,你如果和周围的人或是某一个人相处得不好的话,也许某一天,你不得不向他求助,那时你一定会觉得非常尴尬。从这一点,我们就可以知晓,我们应该多结交一些非同道中人,而与人为善是我们与这些人相处的总原则。与人为善是一种征服人心的力量,与人为善,就是与己为善。而从另一个方面看,与人为善,也是获得别人尊敬的最佳办法,即使对方的心理屏障再坚固,即使他再难相处,只要我们坚持与人为善,别人也能被我们的诚心打动。

交际中我们应该克服的弱点之一就是自高自大,自高自大的人只关心个人的需要,在人际交往中表现得目中无人。高兴时可以高谈阔论,不高兴时则会拿周围的人撒气。另外,他

○ 能力的陷阱

们与人交往，经常表现得十分幼稚，不该说的说很多，让人很没有安全感。再者，他们常常在交际中以自我为中心，希望周围的人和事以自己的意志为转移，看不到自身缺陷，盲目自大。而这种性格弱点导致的最终结果是：他赶走了身边所有的朋友，让友谊与自己擦身而过。有这样一个寓言小故事：

从前，有一个跑步速度非常快的人，被称为"飞毛腿"，他也为此感到得意，常常在别人面前自我炫耀。

有一次，他家进了贼，他发现后立即上前去追，看到盗贼的背影时，他高喊道："别跑了，你跑不过我！"没多久，他果然赶超了盗贼，但还是一个劲地往前跑。

半路上有人问他跑得这样急干什么，他说追贼。路人又问他，贼往哪里跑了，他得意地说："我早就超过他了，看，现在连他的影子也看不见了！"

故事中的人只看得见自己的优点，而忽视了自己追贼的本质任务，顾此失彼，还洋洋自得，生活中也不乏这样的自负者，他们把交际当成炫耀的武器，正是此种心理，阻碍了他们轻松自如地面对各种社会交往情境。诚然，我们不能否认每个人都希望在交际中表现自己，可是我们不能忘记了交际的根本。

每个人都是独立的个体，在生活和交际中要做到和每一个人都相处得很好，真的是很难，毕竟千人千模样，万人万脾气，但我们应深知交际应酬对我们的重要性，真正和我们"情投意合"的人毕竟是少数甚至是寥寥可数，很多时候，我们必须和与自己"志不同道不合"的人相处，这带来的直接好处是，朋友多了路好走。

具体来说，与不同的人相处，我们需要运用不同的交往方法。

1. 与活泼型相处要快乐

要表现出对他们个人有兴趣，对他们的观点和看法，甚至梦想表示支持；理解他们说话不会三思；容忍他们离经叛道、新奇的行为；要热情随和、潇洒大方一些；协助他们提高形象；细节琐事不让他们过多参与；要懂得他们是善意的。

2. 与完美型一起统筹做事要周到精细、准备充分

要知道他们敏感而容易受到伤害；提出周到且有条不紊的解决办法；具体实践诺言；更细致、更精确和理智；列出任何计划的长处、短处；务实；不要越轨，应遵循规章制度；整洁是非常必要的。

3. 与力量型一起行动讲究效率和务实

要承认他们是天生的领导者；表示支持他们的意愿和目

标；从务实的角度考虑；坚持双向沟通；要具有训练有素、高效率的素质；方案分析简洁明确，便于选择；开门见山、直切主题；重视结果与机会，不要拘泥于过程与形式。

4. 与平和型一起轻松，使自己成为一个热心真诚的人

要懂得他们需要直接的推动；帮助他们订立目标并争取回报；迫使他们做决定；主动表示对他们情感的关注；不要急于获得信任；有异见时，从感情角度去谈；放慢节奏；积极地听，鼓励他们说。

以上是和他人相处时几点值得注意的地方，而与人为善并不意味着凡事听从别人，待人过于谦卑，这样反而会遭到别人的反感和厌恶，有阿谀奉承之嫌。

当然，人与人之间的相处和交际应酬，最重要的还是要讲求一个"度"和"方法"，无论对方的性格怎样、是否好相处，只要我们能找到突破口，就能顺利拿下对方心理的堡垒，然后就能和对方友好相处，为自己争取更多良好的人际关系！

精选你的朋友与圈子

有人说，朋友们如同一本本五彩的书，选择朋友如同选择一种自我生命的色彩！一个人的言行受周围人的影响很大，特别是受所交朋友的影响大，俗话说："近朱者赤，近墨者黑。"又有人说："跟什么人学什么艺。"这些话不无道理，所以，如果你想提升自己，就要慎重交友，学会精选朋友与圈子，留心身边朋友的优点，并尽力向他们的优点靠拢，这是自我提升的一个绝好途径。

在人际交往中，朋友的种类也有很多种，有些能给我们帮助、提携我们、提拔我们，让我们飞黄腾达，有些能在行为得失上给我们以指点，也有些能扶持我们一步步成长、成功。生活中，总有人埋怨："为什么有些人能力平平，却能平步青云，拥有财富，成就梦想？"其实，这是由于他们善于借助自己的人脉和圈子。成功的路上有千难万阻，一般的人财力、智力有限，难成大业，也可能在摸爬滚打中伤痕累累，但有了朋友的扶持和经验的借鉴，成功就成了水到渠成的事。

○ 能力的陷阱

对于交友，我们要秉持宁缺毋滥的原则，因此，我们不太可能对所有朋友一视同仁，不要把精力和信任放在酒肉朋友身上，应该抽取80%的时间用在最重要、最牢靠、对人生最有帮助的朋友身上。

那么，我们该如何对周围的朋友与人脉进行分类呢？

1. 建立自己的事业圈，多结交能提携自己的"贵人"

交际是我们结交友谊与打理人际关系的重要手段，在交际中，我们要与"善行者"交往，给自己找个老师，当然，这并不是把自己变成他的翻版和影子，而是取其精华、去其糟粕，去伪存真，接受他的意见，和他合作，让自己少走人生的弯路。

刘勰的成功就来自于沈约的指导：

刘勰是南北朝时期的文学理论批评家，他很小的时候就失去了父亲，生活极为贫困，但他笃志好学、博经通史，《文心雕龙》是他的代表之作。他生活的年代盛行门阀制度，所谓的门阀制度，就是一个人社会地位的高低是由其出身决定的，而刘勰出身低微，自然无人知晓，他的《文心雕龙》在写成后依然无人问津，但刘勰本人却十分自信。他深知自己著作的价值，不愿意看到自己用心血写成的书稿被湮没，决心设法改变这种局面。

在当时的文坛，沈约是文坛领袖，具有很高的声望，刘勰想请他评定自己写成的《文心雕龙》，借以赢得声誉。但是沈约身为名流，岂是他能轻易见到的？怎么办呢？苦思冥想许久的刘勰终于想出了一个主意。

一天，刘勰事先打听到这几天沈约有事外出，于是背上自己的书稿，装成卖书的小贩，早早地等在离沈府不远的路上。当沈约乘坐的马车经过时，刘勰便趁机兜售。沈约喜欢读书，当即停下来，顺手取过一本，见是自己没有读过的书，便翻阅起来。这一看，沈约被深深地吸引住了，当即买了一部带回家去，放在案头认真阅读，还不时地向别人推荐这本书。当时文坛的人见沈约对这本《文心雕龙》如此推崇，便群起效仿，争相传阅，刘勰很快名声大噪。

刘勰的成功来自于他找到了一个可以欣赏自己的老师，然后借老师之力，终于成就了自己的梦想。没有沈约的赏识，人们难以知晓刘勰是何许人也，《文心雕龙》也不会传诸后世，成为名著。

2. 建立自己的生活圈，多结交积极向上者

无论什么时候，我们交朋友都要注意交一些益友。"物

○ 能力的陷阱

以类聚，人以群分"，交什么样的朋友，就预示着有什么样的人生。

古时候，在楚国，有一个看相十分灵验的人，就连楚庄王都知道他的大名。

一天，楚庄王把他传召到宫中，问他："你是怎样给人看相的？怎样能预知他人以后的吉凶呢？"他回答说："我不会给人看相，不过是从他所交的朋友来判断他的未来。如果是平民老百姓，他交的朋友如果都是孝敬父母、尊老爱幼、遵纪守法的人，那么此人和他的家族一定能兴旺起来。如果是当官的，如果他所交的朋友讲信用、重德行，那么他必定能协助贤明君主做出很多有助于国家的好事来，所以此人定能升官，这就是好官。如果是君主，就要看他的大臣是否贤能，如果君主稍有失误，大臣们能直言劝谏，那么国家就会一天天兴盛起来，君主也一定会受人尊敬。这样的君王才是好君王。所以，我并不是会给人看相，只是能观察他周围人的情况罢了。"

《史记》说："不知其人，视其友。"这句话实在是经验之谈。虽然你是好人，但若是交了坏朋友，也要时常防备别人也把你当成坏人，这样便影响了自己的事业，或是无辜坏了自己的名声。

由此看来,"选择朋友就是选择命运",这句话一点也没有错。如果你交的是一些酒肉朋友,日久天长,就会和他们一样,整天出入于酒馆茶楼,一生碌碌无为。但是,如果你周围都是一些胸怀大志、才华横溢的人,耳濡目染,你会不断向他们学习,不断进取,你自然会前途无量。

因此,和什么样的人交朋友,又和什么样的人组成圈子,其实是一个很严肃、很值得我们认真思考和对待的问题,甚至是你终生思无穷尽的一件大事。

第05章

自我突破，试着朝更多不同的方向发展自己

有人说，现代社会形势瞬息万变，真正的一流人才，往往能根据当前的形势和环境迅速做出判断，决定自己下一步的动作，同时，真正具备潜力的人，往往能够未雨绸缪，时势未变自己先变，永立于不败之地。因此，我们每个人都要善于跳出能力的陷阱，试着朝不同的方向发展自己，进而实现能力突破，以更加优秀的姿态面对未来的竞争。

即使你很优秀,这也还不够

很多人都觉得自己很棒,然而,"王婆卖瓜,自卖自夸"是不行的。我们只有做到真正的优秀,实现自己的目标,达到成功的标准,才是真的棒。优秀,不是仅凭三寸不烂之舌说说就行的。优秀,是对于生活的一种态度,也是我们对于自己的定义。你应该问问自己:我真的很棒吗?这份优秀已经足够了吗?

不得不说,那些成功者之所以优秀,就是因为他们能做到不断超越,从不自满。

列夫·托尔斯泰说:"一个人就好像是一个分数,他的实际才能好比分子,而他对自己的估价好比分母,分母越大,则分数的值越小。"现代社会,任何一个人,都应该认识到自身的局限,才能认识到学无止境的含义,才能放开眼界,不断地吸收新的知识。

球王贝利不知踢进过多少个好球。他那超凡的球技不仅

○ 能力的陷阱

令千千万万的球迷心醉，而且常常使场上的对手拍手叫绝。有人问贝利："你哪个球踢得最好？"

贝利回答说："下一个。"

当球王贝利创造进球满一千个的纪录后，有人问他："你对这些球中的哪一个最满意？"

贝利意味深长地回答说："第一千零一个。"

没有最好，只有更好。不要放松自己前进的步伐，因为我们要明白，我们永远是在逆水行舟，不进则退。

成功仅代表过去，如果一个人沉迷于以往成功的回忆，那就永远不能进步。要想不断进步，就要拥有归零的心态。归零的心态就是谦虚的心态，就是重新开始。正如有人所说的，第一次成功相对比较容易，第二次却不容易了，原因是不能归零。只有把成功忘掉，心态归零，才能面对新的挑战。保持归零的心态，才能不断发展，创造新的辉煌。

的确，无论做什么，都要不断进取。这样，在今后的人生道路上，你才能处处做到最好。

迪斯尼乐园的创始人沃尔特·迪斯尼说："做人如果不继续成长，就会开始走向死亡。"进取心塑造了一个人的灵魂。我们每个人所能达到的人生高度，无不始于一种内心的状态。当我们渴望有所成就的时候才会冲破限制我们的种种束缚。进取是没有止境的,我们永远不要满足于已经得到的,而需要不断地开拓新的领域。进取心是人类行动力的源泉,它是动力最强大的引擎,是决定我们成就的标杆,是生命的活力之源。

因此,在成功的道路上要有永不满足的心态。一个阶段的成功要能更好地推动下一个阶段的成功。每当实现了一个近期目标,你绝不要自满,而应该挑战新的目标,争取新的成功。要把原来的成功当成是新成功的起点,这样才会永远有新的目标,才能不断攀登新的高峰,才能享受到成功者无穷无尽的乐趣。

○ 能力的陷阱

你说的追求知足，不过是不思进取的借口

生活中，我们常说："知足常乐。"人之所以不快乐，就是不知足。实际上，人类自身的需求是很低的，远远低于欲望。房子再怎么大，也只能住一间；衣服再高贵，身上也只能穿一套；汽车再多，也只能开一辆在街上跑。能够认清楚这一点，我们就能够活得更加从容一点，更加豁达一点。然而，我们生活中的一些人，却曲解了"知足"的真正含义，我们倡导在物质生活上知足，倡导精神层次的追求，然而，这并不意味着我们应该安于现状、不思进取。

生命是一个过程。该怎么享受生命这个过程呢？我们要把注意力放在积极的事情上。懂得享受人生的人是淡定的，但他们绝不是看破红尘、不思进取，这是经过岁月磨砺后的沉稳含蓄，看淡世俗名利。

有一个年轻人看破红尘了，每天什么都不干，懒洋洋地坐在树底下晒太阳。有一个智者问他："年轻人，这么大好

第05章 自我突破，试着朝更多不同的方向发展自己

的时光，你怎么不去赚钱？"年轻人说："没意思，赚了钱还得花。"智者又问："你怎么不结婚？"年轻人说："没意思，弄不好还得离婚。"智者说："你怎么不交朋友？"年轻人说："没意思，交了朋友弄不好会反目成仇。"智者说："中午饭你吃了三大碗，你为什么不拒绝吃饭？"年轻人说："我不想死。"于是智者说："生命是一个过程，不是一个结果。"年轻人幡然醒悟。

这就叫"一句话点醒梦中人"。然而，一些人为了彰显自己超然于物外的态度，他们宁愿独处，不交朋友，甚至逃避社会竞争，他们十分"自我中心"与"被动"，总是等着别人先来关心自己，被动地建立关系。事实上，久而久之，他们便真的失去了与人竞争的能力，失去了朋友，内心世界也真的孤独了。其实，在喧嚣的人世间，我们要保持内心的宁静，是指我们应静下心来，坚定自己的信念，而不是给自己找借口逃避，因此，从现在起，不妨大胆地走出自我限定的世界！

石油大王洛克菲勒曾说："与其生活在既不胜利也不失败的黯淡阴郁的心情里，成为既不知欢乐也不知悲伤的懦夫，倒不如不惜失败，大胆地向目标挑战！"他这句话是要鼓励我们勇于改变安稳的现状、敢于冒险。事实上，我们也发

○ 能力的陷阱

现，洛克菲勒本人就是个雄心勃勃的人。

1870年，标准石油公司成立，洛克菲勒任总裁，该公司资产为100万美元。洛克菲勒放言："总有一天，所有的炼油和制桶业务都要归标准石油公司。"公司主要负责人不领工资，只从股票升值和红利部分中获取收益。"不领工资只分红"这个制度创新仍影响着现在的美国企业。洛克菲勒坚信："一个人可能会进入只有一件事可做的局面，并无供选择的余地。他想逃，可是无路可逃。因此他只有顺着眼前唯一的道路朝前走，而人们称它为勇气。"

的确，在人生的旅途中，不敢冒险的人、不敢真正跨出第一步的人最终的结果只能是使自己在给自己限定的舞台上越来越渺小。没有舞台的演员就像被缴械的军人，被剥夺了笔的画家，成功离他会越来越远。

因此，生活中的人们，摒弃知足常乐的借口，培养自己进取和冒险的精神吧，对此，你可以这样锻炼自己：

1. 克服恐惧

做曾经不敢做的事，本身就是克服恐惧的过程。如果你退缩、不敢尝试，那么，下次你还是不敢，你就会永远都做不成。只要你下定决心、勇于尝试，那么，这就证明你已经进步了。在不远的将来，即使你会遇到很多困难，但你的勇气一定会帮助你获得成功。

2. 为自己拟定一份"战书"

向自己不敢做的事"下战书"就是拿过去不敢做的事、曾经畏惧的事情"开刀",克服自己的心理恐惧,扫除心里的"精神垃圾",树立信心。

也许你还有很多过去不敢做的事,那就列个困难清单逐个给它们下"战书",只要能做到每天都有突破、有进步,总有一天你会把所有的"不敢做"都变成"不,敢做",那么胆小怯懦的"旧你"就成为了自信勇敢的"新你"了,成功就会向你招手。

其实人的一生就是一场冒险,走得最远的人是那些愿意去做、愿意去冒险的人。我们每一个人都要相信自己能成功,要鼓起勇气,迈出第一步,这才是真正的勇者。

○ 能力的陷阱

多学一门技艺，为职业生涯上一份双保险

当今社会，竞争之激烈早已毋庸置疑，尤其是对于职场人士来说，要想在职场站稳脚跟且胜出的话，就必须付出比他人更多的努力，就必须将自己历练成一个综合素质高的人，而要做到这点，你就不能把眼光放在眼前的工作上，而是应该培养自己多方面的能力，要知道，多学一门技艺，在未来的社会上，你就会多一条出路。我们先来看下面的故事：

深夜来临了，老鼠首领发现房子的主人都睡了，于是，它带领着所有的小老鼠出来觅食。聪明的老鼠首领很快发现主人厨房的桌子上有很多剩饭剩菜，这对于老鼠来说，就好像人类发现了宝藏。

这群老鼠正准备饱餐一顿时，却听到了它们最害怕听到的声音——一只大花猫的叫声。它们立即慌乱了，只顾逃命，但大花猫看见老鼠，兴奋异常，哪里肯放过它们，最终有两只小老鼠躲避不及，被大花猫捉到，大花猫正要吞食它们之际，突然听到

第05章　自我突破，试着朝更多不同的方向发展自己

一连串凶恶的狗吠声，大花猫顿时手足无措，狼狈逃窜。

大花猫被吓跑后，老鼠首领镇定地从门后走出来，对小老鼠们说："我早就对你们说，多学一种语言有利无害，这次我就救了你们一命。"

虽然只用了这么一个小小的例子，但却给我们说明了一个道理——"多一门技艺，多一条路"，这也是现今社会的真理和求得更好生存的基础。所以不断学习，应是成功人士的终身目标。

因此，作为职场人士，无论你现在处于什么样的职场地位和职场角色，只要你肯努力地不断学习更多的技能知识，你就能在未来社会任何一个岗位上发光发热！

为此，你可以在业余时间多充实自己，多学一门技艺，具体来说，你可以这样做：

1. 认识到学习新技艺对于现代职场人士的必要性

我们的一切行为，都要有动力驱使，没有动力驱使，一切的计划只是空谈。因此，在真正决定学一门新技艺时，就要做好心理准备，因为你需要牺牲很多业余休闲时间。

2. 挖掘兴趣，让自己更有动力

人作为一种生物，所有的行为都是直接或者间接按照自

己的意志去行动的，而这一切都必须要有足够的动机，外界的压迫或者一时的发愤可以暂时充当这种动机，但是任何纯被动的行为都是无法持续太久的。只有有了内在的动力——兴趣，你的行为才能够高效地持续下去。

很多时候，我们之所以迟迟不肯付诸行动，就是因为没有兴趣。没有兴趣，就没有探究的精神和动力。

3.将你的爱好与当下的学习结合起来

可能你会说，现在的我除了对学习新知识没兴趣外，对其他事都有兴趣，比如看小说、玩游戏等，这也就是你的"热点"，你要学会将自己的爱好与学习结合起来，因为任何一项爱好，如果没有理论知识的支配，都会失去很大的实现可能，因此，你需要告诉自己："要想当个作家，只有努力学习，掌握理论知识，才能提升自己，才能朝着梦想迈进一步。""大型软件公司的门槛都是本科以上学历，我想成为一个开发人员，必须要从现在开始努力学习。"

4.投入时间

想要掌握一门技能，必要的时间投入是必须要有的，但是过多的投入又不现实，因此，这里就需要提高效率。你应该每天都固定地拿出几个小时来学习，可以不用过长，但是最好能够选择在自己精力比较充沛的时候，如早上7点至8点，晚上

7点至9点，算下来每天有三小时。

5. 制订计划

做好任何一件事，都要有计划，学习新技艺也是如此，不要相信自己的自制力，你未必能经受住玩乐的诱惑。

6. 确定目标并坚持

现在，你可以找出一个笔记本，然后好好想想：你这辈子活着是为了什么？如果你有一份人生履历，你希望写上些什么？从出生写起。

为了达到以上目标，你现在能做什么？找出1～3项。不要贪心，先从一项做起也好。

确立目标后，捋一下现在你能利用的时间。设上闹钟提醒。

在闹钟响起时，如果可以，全情投入。

最后，请坚持。

7. 分化目标，不必急于求成

学习的效果只能靠日积月累，日积月累的效果还是很惊人的。一口吃不成胖子，要一步一步破局。我们都见过很多在自习室一坐就是一天的学生，一定要摆脱低水平的勤奋，要让自己高效。

8. 学习时全身心地投入

学习一定要全身心地投入,不要让任何事情打扰到你,如果你真的全身心地投入了,很可能一不小心就学过了时间,学习效果更是好到自己都不相信了。

9. 放松地学

任何事,用力过度,都会适得其反,学习何尝不是如此,我们学习新技艺的目的是给自己的职业生涯上一份双保险,防患于未然,但并不意味着我们不学习就无路可走,因此没必要太过紧张。

另外,要多学一门技艺,也并不是说非要抛下现下的学习,而是应该尽量在学习的同时完善其他知识储备,这样,才能真正成为一个多才多艺的人。

第05章　自我突破，试着朝更多不同的方向发展自己

学习最前沿的知识，用最快的速度修正自己的发展方向

"知识就是力量""知识就是金钱"，这两句至理名言在我们这个时代已经被认可且验证了，最新的统计数字表明，近几年全球新诞生的百万富翁中，大多数是从事以网络计算机为代表的高科技行业及以风险投资为代表的金融行业，并且不少是30～40岁的年轻人。这些年轻有为的成功者都来自我们普通人中，他们的昨天与我们芸芸众生一样平凡普通。没有显赫的门第，没有结交权贵到处钻营，他们出身平凡、艰苦求学，以知识为资本，创下了骄人的财富与业绩。

有关专家分析认为，如今企业已经渐渐成为中国社会财富的创造和承载主体，随着各种形式股份制的推行，有知识才能的年轻人将会成为富翁的主流。而创新是企业家的本质特征，是企业家精神的灵魂。从一定意义上说，企业家之所以能成为企业家，很大程度上是因为他们的创新精神。企业家的创新精神体现在能够发现一般人无法发现的机会，运用一般人不

○ 能力的陷阱

能运用的资源，找到一般人无法想象的办法。

然而，面对激烈的竞争，面对瞬息万变的环境，也有一些内心焦虑的人往往看不清楚真正的自己，他们也不能及时察觉自身的缺点，不能用最快的速度修正自己的发展方向，也必然会在学业和事业中落伍，被无情的竞争所淘汰。

在过去，"勤劳致富"的观念一直为人们推崇，因为勤劳确实是中华民族的传统美德。勤劳致富，是靠本事、靠实在、靠勤奋、靠诚实，因而值得宣扬和推崇。然而在经济日益知识化、技术化、全球化和网络化的今天，知识、创新已超过勤劳成为致富的首要条件。

早在1990年，托夫勒就在其《权力的转移》一书中预言，"知识"在21世纪必定毫无疑问地成为首位的权力象征。他认为："知识除了可以代替物质、运输和能源外，还可以节省时间；知识在理论上取之不尽，是最终的代替品，它已成为产业的最终资源；知识是21世纪经济增长的关键因素。"在生活中几乎一切领域，我们都能感受到知识与信息的重要性。

因此，无论我们处于什么岗位、什么行业，都始终要记住，无论何时都要保持学习的态势，并且要学习最前沿的知识，唯有如此，才能在竞争中立于不败之地。

在汽车行业内，成本结构正在发生着变化。在20世纪20年代，汽车成本的85%以上是支付给那些从事汽车生产的工人和投资者的。而到了20世纪90年代，这个份额降低到了60%，其余部分则分给了设计人员、工程师、战略家、金融专家、经理人员、律师、广告商和销售商等这些创新和研究型人才。而到了今天，则发生了更为明显的变化，财富的分配已经明显倾斜到那些以知识为轴心的人群中，例如，在半导体芯片的收益中，3%归原材料和能源的主人，5%归拥有设备和设施的人，6%归常规工人，85%以上则归从事专门设计、工程服务或拥有相关知识产权的人。

显然，知识与才能已开始把握我们的命运，决定我们的财富。现代社会的职场竞争，很大程度上已归结为知识的竞争。有知识者有财富，将成为普遍的规律。

现代社会中渴望成功的人，都不能再固守老经验、老方法、老行业了，尝试去发现新的事物并努力钻研，你才会有所成就。

在目前看来，学科中最前沿的知识，很有可能在不久的将来就会是行业普遍需要的知识。如果早学习了它们，就会在未来的工作中领先于别人，从而获得技术领先的很多好处，例

○ 能力的陷阱

如高工资、更好的工作机会等。

也许有人认为那些年龄偏大又没有一技之长的人就只有给人家打工的份。其实不然。我们在这里所指的知识，并不都是要在大学里专门学习的公式、定律、规则之类，而是包含着非常广泛的内容，按托夫勒的定义，知识包括"信息、数据、图像、想象、态度、价值观，以及其他社会象征性产物"。实际上，对于致富起至关重要作用的专门知识，相当一部分是要在"社会大学"里才能学到的。没有读过大学的人，并不等同于没有知识。况且，在中国这样一个大国，市场巨大，对于那些在意识和经验上有准备的人而言，机会也一样存在。在知识经济时代的班车上，只要我们认真地掌握知识，有效地利用知识，就能走上致富之路。

总之，我们任何人，应该有与时俱进的学习心态和超前意识，要学会预测市场潜在需求，懂得捕捉发展的商机，避开竞争已经激烈起来的市场，才能大大提高自己的竞争力。

第05章 自我突破，试着朝更多不同的方向发展自己

主动担当大任，提升你的工作能力

身处职场，任何人都有自己的本职工作，我们作为下属，一般只需要完成领导部署的工作即可，而他们作为领导，则担当着为公司效益和员工利益着想的大任，因此，他们也时常希望下属能为自己分担些工作压力，对于那些不甘于完成本职工作的下属，他们也会投来赞许的目光。而作为下属，我们都要明白一个道理，我们的工作能力是在不断磨炼中提高的，接受艰巨的任务便是磨炼的机会。

SAP是全球著名的软件公司，而苏妲·莎是这家公司最顶尖的销售员，从2000年以来，她每年都为公司带来4000万美元以上的收入。毫无疑问，这是个令人叹服的数字。她身上洋溢着激情和活力，她不断挑战那些别人望而却步的艰难任务。她总是对别人说："如果别人告诉你，那是不可能做到的，你一定要注意，也许这就是你脱颖而出的机会。"

2000年，苏妲·莎想要将自己公司的软件卖给半导体制造

○ 能力的陷阱

商AMD公司，她和AMD公司的采购首席信息官弗雷德·马普联系，可是，她接连打了一个月的电话，对方都没有接，但是苏妲·莎不停地给他打电话，最后，马普终于不耐烦了，通过下属明确告诉苏妲·莎："你还是死心吧，我不会买的，你别打电话了。"

苏妲·莎只好另想办法。她开始寻找自己和AMD公司的各种关系，希望能找到这个问题的新突破口，经过了解，她发现，AMD的德国分部曾经购买过SAP的产品。这给了她新的希望。苏妲·莎联系到在德国负责这笔生意的销售代表，恳请他帮忙。在苏妲·莎的努力下，这位德国同事找到了AMD在德国的联系人，请他去美国出差时和苏妲·莎见上一面。这次会面，苏妲·莎使出了浑身解数，终于促成了她和马普手下一位IT经理的面谈，这位经理随后将苏妲介绍给了马普。

敲开了客户的门，也只是成功销售的第一步，接下来就是一步步征服客户。苏妲·莎在和马普见面后，认真地聆听了马普对新软件的要求，并向公司作了详细的汇报，和公司的研发部门进行了充分的沟通。她一边电话追踪马普的反应，一边推动公司产品的改进，最终，马普被她说服了，这笔交易的成交额远超过了2000万美元。

第05章　自我突破，试着朝更多不同的方向发展自己

可以说，苏姐·莎超强的工作能力就是在这种艰巨的销售任务中练就的，而也正是这种能力的获得，让她成为了20世纪80年代全美国最有价值的员工之一，成为了一个高标准做事的女工程师。这样的员工，是会被以被任何一个领导所器重和欣赏的。

那么，职场中，面对艰巨的任务时，我们该如何做呢？

1. 担当重任，更容易脱颖而出

有人说过："没有人能阻止你成为最出色的人，只有你自己。"很多职场成功人士之所以能脱颖而出，就是因为他们在公司和领导最需要自己的时候，敢于站出来，挑战自己，接受那些艰巨的任务。假如人人都一遇到高难度的工作就畏首畏尾、害怕失败，那么所有人都会与平庸为伍，在公司里默默无闻。

2. 不要被想象中的困难吓倒

可能你会觉得，既然别人包括领导都觉得此项任务艰巨，那么，完成的可能性就会很小，但每个人的职业生涯中，都会遇到一些艰巨的、高难度的工作，而你用什么样的态度去对待，就将会有什么样的收获。假如你畏首畏尾，那么，你注定要失败，而假如在高难度的工作面前，你果断地接下来，并尽一切努力去完成了，那么具有这种胆识和魄力的

○ 能力的陷阱

人，将来一定能成为所在行业的佼佼者。另外，既然领导已经认识到任务的艰巨，那么，只要你付出了努力，即使没完成任务，上司也不会怪罪于你，反而会佩服你的勇气。

因此，当你觉得自己有能力去承担某一项艰巨任务时，就不要考虑太多的外在因素，只要心态是正确的，加上有完成任务的实力，那么就要大胆地接受。

3. 尽量做到最好

同样的一份工作，不同的人能做到不同的程度。绩效出真知，这是任何企业考核员工的标准，因此，我们在接受艰巨的任务时，因为认为公司领导绝不会批评和责备自己，就产生马虎敷衍的心态，是绝不可以的。在完成任务时，以最高规格要求自己，每一项工作都力求做到最好，这对于企业来说，才是真正有价值员工的表现。

当然，我们不仅要有接受艰巨任务的勇气，还要有破釜沉舟的决心，一个真正想成就一番事业的人，志存高远，心态坦然，不会以一时一事的顺利和阻碍为念，也不会为一时的成败所困扰，面对挫折，必然会发愤图强，去实现自己的理想，成就功业，这是一种积极的人生态度。

人要像水一样有很强的适应能力

生活中的每个人，一生都不可能总是处于同一环境中，而如何迅速适应新环境，考验到一个人的适应能力。一个人，只有像水一样具有很强的适应能力，才能融入新的集体，顺利成为集体的一分子，然后做出自己的成绩。

的确，这个世界上没有任何事是一成不变的，世界上也没有死胡同，关键就看你如何去寻找出路。而改变事物的现状就要运用思维的力量，思路一变方法就来，想不到就没办法，想到了又非常简单，人的思维就是这样奇妙。有一句话说得好："横切苹果，你就能够看到美丽的星星。"

有个年轻人，因为家境贫寒，就在马戏团做零工，他的工作就是向前来看戏的人兜售小食品。但每次看马戏的人都不多，舍得花钱买零食的人更少，尤其是饮料，更是无人问津。这下可怎么办呢？没人买东西，意味着他的收入惨淡，他也可能面临失业。

● 能力的陷阱

　　一天,他突然想到了一个主意:向每个买票的人赠送一包花生,借以吸引观众。但对老板来说,这个方法简直太荒诞了,为此,他用自己微薄的工资作担保,恳求老板让他试一试,并承诺说,如果赔钱就从工资里扣,如果赢利自己只拿一半。于是,马戏团外就多了一个义务宣传员的声音:"来看马戏,买一张票送一包好吃的花生!"在他的叫喊声中,观众比往常多了几倍。

　　观众们进场后,他就开始卖力地叫卖起柠檬水等饮料,而绝大多数观众在吃完花生后觉得口干时都会买上一杯,一场马戏下来,他的收入比以往增加了十几倍。

　　故事中的年轻人,在面临自己即将失去推销工作、没有收入的困境时,立即想到了另外一种推销方法:先赠送花生,使得观众先"占他的便宜",进而由于口渴而不得不主动买他的饮料。这种方法无意间就推动了饮料的销售。如果他总是用一直使用的方法,被动地等待客人来买饮料的话,他的工作成绩肯定得不到任何改观。

　　变通思维是创造性思维的一种形式,是创造力在行为上的一种表现。思维具有变通性的人,遇事能够举一反三,闻一知十,做到触类旁通,因而能产生种种超常的构思,提出与众不同的新观念。科学领域中的任何建树，都需要以思维的变通为前提。一般来说，变通思维用好了，就会起到一种"柳暗花明"的奇妙效果。

不得不说，在现代社会中，我们随时都有可能遇到环境变化的情况，如职业的改变、职位的升迁等，但不得不说，到了新的环境后，我们都需要一定的时间去适应，然而，一些人因无法适应而感到苦恼，也无法融入新的集体，那么，面对这样的情况，该怎么办呢？

的确，到了一个新环境需要一个适应过程，怎样才能更快地适应，就要看当事人本身的心态和解决问题的能力了。

为此，我们需要做到：

1.在平时培养灵活的个性

善于适应环境表现出了一个人个性的灵活，他能调节与环境的关系，优化自己的心境和情绪，促进自己内在动力的提升。人们常说，性格决定命运，你一旦培养了自己这一方面的性格，也就获得了成功的入场券。

2.时刻关注市场，了解行业信息

任何行业动态的发生都离不开市场变化的影响，所以，我们在分析行业动态的时候，还是要以市场为风向标。

◯ 能力的陷阱

3. 环境改变时心情要放轻松，不要一直提醒自己这是新环境

这主要是心理上的问题。有句话说智者调心，人不能够适应周围的环境完全是由于其错误的观念和消极的心理状态。首先要知道世界是在不断地变化的，周围的环境也是在不断地变化的。所以人也要变化，注意周围的世界，观察一切的变化，不断地接受新鲜事物。

4. 在新环境中交朋友

可以用最短的时间在新环境中找一个比较谈得来的朋友，这很重要，朋友感情建立了，环境也就充满了人情味。其实有时候人需要的不多，仅仅是友人的一点支持都会令你对世界充满信心。

最后，在新环境中要主动地融入群体中，不要使自己显得孤立，要对集体活动有热情。

总之，要迅速适应新环境，最重要的还是你需要不断调整自己的心态，从正面和积极的一面看待新环境，使自己喜欢这个环境，从而能够应对一切。

第06章

职业瓶颈期,如何合理规划未来的道路

很多职场人士尤其是职场老手可能都有这样的感触：工作几年下来，业务熟悉，技能纯熟，但是薪水不变、职位不变，你深知自己进入了职业的瓶颈期，那么此时该不该跳槽、如何跳？事实上，如果你决定跳槽，就要着手进行准备，确定自己职业发展的方向，经常关注各种媒体的招聘广告，努力与目标单位建立联系，并在各目标职位之间进行比较和选择，进而确定自己的职业定位。当然，所有这一切都要秘密进行。

第06章　职业瓶颈期，如何合理规划未来的道路

职场倦怠期来临，如何突破

作为一名职场人士，每天清晨起来，你照镜子，你的脸上还有刚工作时的微笑吗？你是不是从某天起，总是希望周末赶紧到来？你睡觉前是不是恨不得第二天生个小病，这样就不用去上班了？你是不是觉得这份工作除了那点薪水让你激动外，你已经提不起半点兴趣了？这说明你已经成为了职场"倦鸟"！

曾经在网络上有个被网友广为评论的帖子，内容是这样的：

"你最痛苦的事情是什么？"

"加班。"

"比加班更痛苦的事呢？"

"天天加班。"

"比天天加班更痛苦的呢？"

"义务加班。"

为什么这段话能受到网友们的热捧？很明显，因为它真

○ 能力的陷阱

切地传达了很多人内心对工作的情绪,如果你也对这种情绪感到似曾相识,那么这表明"倦怠情绪"正在你的身体中蔓延——"被传染者"会无心工作,没有了向心力的团队更如同一盘散沙。因此,跳出职业倦怠泥沼,对企业和个人都至关重要。

小鱼是一家知名化妆品公司的员工。在大多数人的眼里,她是一个幸运儿——目前从事的化妆品市场推广工作,既和自己的专业对口,又与自己的兴趣相投。她已经在这个公司工作了整整七年。

七年来,小鱼并没有升职。目前的她觉得工作越来越没劲。她无奈地说:"我每天都不想上班,就想着只要不出错就万事大吉了。虽说我也曾为了能实现自己的梦想付出了很多,但现在那种职业的成就感已经没有了。"

小鱼的情况在职场白领中较为普遍,这就是人们通称的"职业倦怠"。那么,先为自己做一下诊断,来看看你是否正在懈怠中吧。

(1)对工作开始缺乏热情,注意力不集中,对上级交代的任务提不起兴趣,工作时间延长,同样的工作需要花费更多的时间。

（2）经常会出现头痛、胃痛、肌肉酸痛等症状。

（3）开始莫名其妙地猜疑一些事情，比如老怀疑自己生病了，不停地去看医生。

（4）食欲不振，失眠。

（5）在工作中情绪不稳定，对人际关系敏感，遇事容易着急，一着急又容易发火。

在以上五种症状中，如果你有三种以上，就要警惕了，你很可能已经成为了一只可怜的职场"倦鸟"。

那么，如何才能解除这种职场倦怠感呢？

1. 科学规划职业生涯

先了解自己的特长、优点等，这样，你才能寻找到适合自己的工作，并在工作中寻找到成就感和满足感；另外，你的职业前景也会变得明朗、开阔起来。

2. 做好时间管理，让工作更有条理

养成使用工作日程表的习惯，然后考虑哪些条目可以完全放弃，哪些可以委托他人或与他人合作完成，尽量使工作时间缩短，工作效率提高，成就感增强。

3. 端正自己的心态

你要明白的是，工作并不仅是为了获得每月定时发放的

○ 能力的陷阱

工资，还是一种自我价值与社会价值实现的过程，因此，我们每天都要带着积极、阳光的心态去工作。

4. 与你的同事、上司搞好关系

在工作中，与你的上司、同事的关系如何，直接关系到你在工作中的心情、工作效率等各个方面。

5. 多学习，为自己充电，更新自己的知识储备

这是突破职场倦怠的最重要一环，我们在职场中产生的焦虑来自能力和知识的不足及对现状的不满，要改变就要从自我突破开始，事实上，不断充电已经成为现代职场人士的共识，且大部分职场人也在为此而努力。

随着社会的变革转型，就业压力增大。企业寻求创新突围，给管理者、员工带来了一定的压力，职场倦怠应运而生，且已经成为影响工作效率的头号敌人。作为企业及其管理者，懂得如何防治职业倦怠，在当前尤其重要，而从我们自身来说，突破职场倦怠，最重要的是积极调整好自己的心态并更新与提升自己的知识储备，以迎接新的挑战。

职场充电，并不是盲目参加培训

对于有志于提升自己的职场人士来说，可能你也发现了，最近这些年培训市场特别火爆，尤其是当我们的事业遇到瓶颈期之后，我们更希望能参加培训，以提升职业技能，所以，各种培训课程开始"闪亮登场"。开课的广告狂轰滥炸，内容都写得十分劲爆，非常具有蛊惑性，好像参加一次培训后就可以发大财。不少人也真的中招了，激动地跑去听课，听课时也像打了鸡血似的格外兴奋。然而，参加完课程后他们却发现，上课时激动万分，课后一无所获。于是，人们开始产生怀疑：培训真的有用吗？

对此，我们不妨先来看看下面这位职场人士的经历。

林先生是一位科技公司的销售主管，这天，有两个人来敲他办公室的门，坐定后，二人说明了来意，说他们是著名的管理学大师××的学生，来找林先生是推销××大师课程的票，票价是一千多元。一边说着，他们一边拿出了关于课程的

○ 能力的陷阱

资料。

　　林先生是一位管理人员，对这类课程必定是感兴趣的，而且，他有时也会翻看相关的书，所以，虽然他在这一行才工作了不到五年的时间，也没有参加过任何培训课程，但他凭借着超强的自学能力，成功进入了这家公司的领导层。然而，林先生对绝大多数所谓的知名大师都不是很赞同，原因很简单，因为林先生一直信奉一点，实践出真知，而绝大多数的管理学大师只是纸上谈兵而已。

　　来者努力说着课程的好处，说如果听了××大师的课程，公司的业绩就会上升好几倍甚至几十倍。

　　林先生说："如果真有这么好，还轮得到你们这样辛苦上门推销？保准跟武侠小说中的秘籍一样让大家抢得头破血流。"

　　他接着说："你们老师自己的这次课程成功与否，取决于你们的推销成功与否。你们推销成功了，把票都推销出去了，你们老师的这堂课至少在收入上是成功了。如果你们推销不出去，你们老师自己也不成功。"

　　来者眼见无法说服林先生，马上搬出了国内某著名购物网站CEO的名字，说此人也是因为听了××大师的课程才成功的。林先生不免感到好笑，因为林先生与这位CEO是大学同窗，对于此人的事了如指掌，这位CEO成功后，确实被不少"大师"当成宣传招牌。接下来,林先生问这二位听大师的课几年了。

"三年了。"

林先生笑道:"你们跟老师三年了,自己怎么没成功?你们都跟了三年,还没成功,怎么能说服我相信一两节课就能成功?"

这二人面面相觑,随便说了几句客套话之后,便告辞了。

这则故事很有趣,所谓的管理学大师,他的成功与否居然取决于学生的销售。那么,在学生出门推销之前,这位大师有没有对学生进行销售培训呢?如果培训过,那这个培训水平确实不高,说谎居然被当场揭穿。如果没培训,那这个老师的培训意识也不强,连帮自己赚钱的学生也不培训,就让学生去瞎撞。

事实上,你在报名培训之前,不妨先看看一些所谓的大师们的培训录像,实际上,认真看几个片段,你就会发现,在他们的讲课内容中,真正能为你所用的知识并不多,另外,一些成功学课程难免有吹嘘之嫌。

所以,有规划的职场人士从来不盲目跟风报班参加培训,他们总是坚持自己的方向,按照自己的充电计划来学习,因为

○ 能力的陷阱

他们不但了解自己的短板，更知道如何学习才能弥补自己的不足，进而能做到过五关斩六将，在职场上不断取得成绩。

我们参加完各种培训课程一无所获的原因在于大多数培训课程有5个重大缺陷：

（1）无系统——了解了很多最新的知识，但缺乏系统性和逻辑性。

（2）无专业——学习了众多类型的知识，但就是无法放到专业领域内。

（3）无操作——积累不少书本知识，但是无法运用到实践中。

（4）无针对——涉猎了很多成功的案例，但无法将其搬到自己企业中。

（5）无辅导——掌握了很多操作方法，但缺乏专业人士进行针对性指导。

所以，对于我们来讲真正有用的培训课程必须是实战、实操、实效的，可以当场解决自己企业发展遇到的难题的。当然，我们不能一棒子打死，认为所有的培训课程都是无效的，这需要我们加以鉴别，并且，我们自身要积极将从课程上学到的知识付诸实践。

犹豫是否该跳槽时如何选择

当今社会中,跳槽已经成为职场上一种常见的现象。注意一下你的周围,是不是经常有跳槽的同事,或者刚进入格子间的新人?无数过来人都会对我们千叮咛万嘱咐,不要盲目地跳槽,也不要频繁地跳槽,如此种种,都会使用人单位对你的信任大打折扣,搞不好还会使你的职场之路变得坎坷。关于这一道理,恐怕每个职场人士都知道。但即使如此,工作中也难免会出现一些不得不让我们跳槽的情况。跳槽没有错,但我们要学会运用博弈智慧来为自己寻找跳槽的时机,切不可心血来潮。

据上海的一家报社报道:上海市的一项调查显示,30岁以下的年轻员工在一个工作单位的连续工作时间平均只有约1年半,31~40岁的职员也只有2年3个月。当今社会,人们的跳槽之频繁实在让人瞠目结舌,不得不说,更好的待遇、更好的工作环境、喜新厌旧的性格都致使这些年轻人频繁跳槽。诚然,跳槽可能带来的是机遇,但频繁跳槽就会成为你简历上的

○ 能力的陷阱

败笔。事实上，跳槽带来的是非对错与后果，我们自己也不能把握。

当然，对于所有的职场人士来说，我们都希望找到自己最满意的工作，然而，要寻觅一份理想的工作并非易事。于是，先就业后择业的观念在年轻人中更为突出，他们求职择业，不再像过去一样追求一步到位，而是寄希望于在积累工作经验以后，等自我价值得到较大的提升后，再找一份理想的工作。跳槽并没有错，但一味地跳槽却并非明智之举。事实上，频繁跳槽的话，你找工作会更难，用人单位也会顾虑到你的稳定问题。

那么，对于那些想跳槽的职场人士来说，该怎么解决这一问题呢？

1. 先问自己会失去什么

一些年轻人在跳槽之后才发现，新工作在待遇、轻松程度上还不如以前的工作，这是因为在跳槽前他们没有考虑清楚自己会失去什么。所以你只要把你能够承受的最大损失想清楚，跳槽就不难进行了。

2. 不要期望下一份工作是最满意的

这是职场上的规则，你不要认为下一个单位将是你的终身单位，要知道，没有可以长期待下去的单位，没有能够长期合作的老板，变化、更新是职场的主旋律，所以，做出跳槽的决策前，主要是要考察下一个单位是不是有助于自己的提高，比如能力上的、知识上的、经验上的，也可以是心理上的、人际关系上的。

3. 把眼光放在机会上，而不要过多考虑年龄

很多到了年纪的职场人士在跳槽问题上显得畏首畏尾，也有的人是认为再不跳槽就来不及了，他们更多看重的是年龄，而不是机会本身。实际上，要考虑这个机会是不是很有风险、是不是适合自己、是不是可以把握、是不是可以持续发展，如果真的是一个不错的机会，就要大胆地接受，如果没有把握，就不要轻举妄动。

4. 不要把家庭看得过重

从长远来看，自我发展也是为了家庭的幸福。纵然，跳槽短期内会打乱你的生活，甚至使你变得忙碌，但是就长期而言，跳槽成功能在促进自我发展的同时提高家庭生活质量。所以，想选择能够给未来家庭带来幸福的工作，在跳槽前后的时间里，就要忍耐那些暂时的不平衡，争取得到家人的支持。

但是，无论如何取舍，都不会有人为你的失误买单，是否跳槽，来自你自己的选择，它存在风险，因此，工作不顺的情况下，即使跳槽，你也要考虑清楚，不可盲目跳槽！

⭕ 能力的陷阱

那么,我们到底该如何跳槽呢?

1. 培养内线,找到空缺职位

从公司雇用程序看,除非是人员流失率非常高的公司,一般公司大规模招聘的机会都很少。一般公司出现岗位短缺,内部人员是最早得知信息的。而这时,招聘也主要依靠内部员工介绍,所以,如果你有了目标公司,不如看看有没有人可以推荐自己,这样跳槽的成功率要高很多,因为这时的竞争明显小很多。

2. 先了解新公司

对新公司的了解非常重要,求职前,要先了解一下公司的情况:对总公司所在地、规模、架构、背景、经营模式、目前发展状况和未来发展规划等概况最好事先有概括性的了解,如无法得到书面资料,也要设法从该公司或其同行那里获得情报。

另外,我们也要了解应聘企业的文化是什么,从而判断出企业的环境是否公平,并判断出如果入职该企业,上升通道中是否会有限制因素。避免因为急于找到工作而上当受骗。进入某个公司后也不要盲目欢喜,要谨慎地观察、思考,判断自己有没有投错公司。

3. 拿到自己的报酬后再跳槽

聪明的职场人士不会意气用事,他们不会在本月工资未拿到之前就卷铺盖走人。而如果你的薪水中很大一部分是绩效形式的、与工作业绩有关的，比如销售提成，那你更应该慎重，毕竟你辛苦了这么长时间，而且，如果你打算继续从事老本行，那么你的业绩直接关系到你在市场、行业内的身价。

4．"骑驴找马"或"骑马找马"

可能你最担心的问题是跳槽的风险问题，其实，最保险的方法是先不要急着辞职，先干好本职工作，同时，瞅着机会，一旦有了跳的可能，就迅速抓住机遇。现在很多职场人士都明白，没有和新东家谈好之前，不应露出任何的蛛丝马迹。

总之，跳槽、转行的时间选择都很有学问，任何一个职场人士，都要仔细研究自己所在行业职位的跳槽、转行时间，选择出适合、适当的时间，这样才能抓住机遇，为提升自己创造良好的契机，达到跳槽、转行的预期效果。

○ 能力的陷阱

不要在不值得留恋的地方耗尽精力

对于很多职场人士来说，稳定是他们对职业的追求之一，甚至对于很多人来说，他们的就业观就是稳定压倒一切，稳定是他们求职择业的首选。因此，很多时候，即使当前的工作对于他们来说并不合适，工作对于他们来说已经是一种煎熬，但出于各个方面的原因，他们依然不愿意跳槽，而最终结果是，他们被一份不热衷的工作折磨得精疲力尽。因此，如果你现在的工作已经不值得留恋，那么，就不要再耗费精力了。

我们先来听听地产公司的小伊对于自己工作的感受：

我当初是听了父母的意见才进入这家以房地产中介为主要经营项目的网络公司实习的。

我大学是学资产评估的，但我发现网络公司的经营方式并不适合我的专业所长，他们追求的所谓概念性的理念及网络交易本身都不能给我的专业提供更多实际尝试的机会。更多的时候，为了交易的达成，他们对房源本身并不做太多的评估，只是一味地买空卖空，而我这个所谓的评估人员，不过是一个幌子，用来提升一下公司在这个领域里的技术含量罢了。

我得承认，老板还是比较重视我这个新人的，但当我向他坦言自己的困惑时，他就向我勾勒未来的蓝图，这种对未来的美好描绘在开始的时候是催生了我对公司的期冀，让我有更多的热情投入工作当中去，但时间一长我就发现，老板的梦想有些是多么不切实际。看着许多同学在其他有实力的房地产公司干得有声有色时，我对目前的状况感到非常迷茫，我觉得自己好像跌入了一个空头陷阱一般，久而久之我就产生了跳槽的愿望。但有时候想想老板对自己确实很好，于是我就在跳与不跳之间徘徊不定。

可能很多职场人士都遇到了和小伊类似的情况，他们都在是否跳槽之间犹豫。实际上，他们在选择职业时，就应该综合考虑自己的专业特色、个人兴趣及目前的工作会不会为自己带来更多的发展。而小伊所学的专业，是"越老越吃香"的专业，是严谨、严肃，需要大量的实践并在过程中不断学习、积累经验才能逐步提升的，如果目前的工作与个人的职业发展方向背道而驰，确实应该重新考量自己的需求。职业生涯是自我

○ 能力的陷阱

价值实现的过程，身处职场的你，如果也遇到了领导希望用一些不切实际的繁荣画面留住你，那么心存感激的同时还是要保持头脑的冷静。知道是冤枉路，就别在路上逗留太久。

那么什么情况下你需要跳槽，应该跳槽呢？

（1）老板给你的薪酬太少，甚至少到你已经无法负担日常生活开支，并且，他从来没有给你加薪的意思。

（2）你的工作一点稳定性也没有，你甚至担心明天就会失业，给你的家庭带来了很大的压力，那么不如寻找一份稍微稳定一点的职业。

（3）你的工作不考验人的任何能力和技术，你担心你失去这份工作后，会因找不到其他工作而失业，这时一定要早做打算。天有不测风云，人有旦夕祸福，如果所在的单位过几年为社会、为市场所淘汰，再去准备就悔之晚矣。

（4）自己对这工作一点也不喜欢，简直是受罪，上班之前怕上班，上班之后等下班，下班之后一身轻，那么一定不要委屈自己，否则会造成心理疾病。

（5）你现在的工作环境让你窒息，因为你的同事很不友好，或者都是一些小人，或者常常有闲言碎语，同事对他人的工作不置可否，在需要合作的地方阳奉阴违，甚至还会站队，那么这个企业的文化很有问题，可能不适合一个有进取心的人长期滞留。

（6）你的老板似乎永远看不到你的成绩，无论你的表现如何出色，你立下的功劳如何大，他也从来没有高看的意思，没有奖赏的表示，那么你就应该要想办法离开这种不论功过、不论赏罚的地方。

（7）表面上看，你的公司很平静，但实际上，你却发现，公司的待遇、福利等都比同类单位的同仁们差很多，那么，你就要思考，是不是老板太过苛刻，或者是公司出现问题而老板为了安定人心不加吐露。记住，不能等到报刊上公布了某某单位倒闭以后再去求职。

（8）你的领导和老板对待你一点尊重也没有，对你动辄呼来唤去，那么你就是老板生财路上的一粒石子而已，不值得在此单位久留。

（9）你的老板把你当成了工作的机器，你需要每天加班、出差，你已经无法享受和亲人们在一起的天伦之乐了。要注意寻求能够平衡工作与生活的工作。

（10）你的工作做得很出色，但是没有任何晋升、发展的机会，也不可能赢得什么社会尊重，一辈子都将这样度过，而你又不甘心，那么就可以考虑跳槽了。

总之，作为职场人士的你，如果出现以上几种情况，那

● 能力的陷阱

么，说明你已经不再适合在这个公司待下去了，当然，跳槽也是存在风险的，但如果此时你不跳槽，就只能荒废掉更多的精力！

做好职业规划，目标明确再跳槽

生活于世，任何人都有人生的目标。同样，作为职场人士，你也应该有自己的职业目标，职业目标是引领职业成功的关键。也许你未来的职业生涯并不能完全按照你的职业规划去发展，但你仍然要拥有一份职业规划。因为通过职业规划你可以清楚地知道自己目前所在的位置，目前的职业与你的规划有什么偏差，它是否对你的职业生涯有帮助，你是否需要做出调整。因此，聪明的职场人士即使要跳槽，也会根据自己的职业规划，明确了目标再跳槽。

小张已经是两年来第五次跳槽了。在这两年的时间里，她先后从事了性质不同的四份工作：民办学校的教师、教育机构的咨询员、办公器材的销售员、保险的推销员。这四份工作只有做教师与她的专业对口，其他都是在招聘单位急需用人而她也急需工作的时候入职的，那时单位不考虑她的专业，她也不考虑工作的性质，她只看薪水和招聘单位的承诺，只要薪水

○ 能力的陷阱

满意或者未来的薪水可以达到她的预期,她就做。

就这样,她就像走马灯似的换了四家单位,换了四种工作。

这一次,小张拿着她的中文简历找到一个猎头,希望猎头能为她翻译成英文简历。她说她看好了一家各方面都不错的外资企业,薪水尤其诱人,所以想制作一份英文简历试试运气。

这位猎头一看这份简历,发现小张还在用她大学毕业时用的简历,只是在工作经历一栏多了几行字,也只有从工作经历里才能看出她不是一个应届毕业生。猎头摇了摇头。

这里,单从小张工作的种类上来看,她所从事的职业无疑是多样的,经历也是复杂的。但是这种经历在质量上很难让人信服,实在是缺乏说服力。为什么会这样呢?因为她没有明确自己的职业目标,不知道自己要做什么、能做什么,最终导致她的职业生涯失去了方向。

小张的跳槽经历说明,跳槽不能打无准备之仗——不明确目标,无准备的后果只能是将自己置于不利境地。为了使跳槽变被动为主动,作为职场人士,你必须在做好了准备之后再决定。为使自己的跳槽更加有效率、成功率更高,你必须对自己未来的职业生涯做出规划，明确制订未来三年、五年甚至十年、二十年的职业目标，给自己的职业生涯一个定位。这就是职业规划的作用，它使你能时刻感知你自己的存在。

所谓的缺乏职业规划，就是指职场人士在步入职场之前或者在职场中时，缺乏对自己能力和发展的明确认识，更没有认清自己所处的职场环境。很多职场人士往往处于这种"不知己不知彼"的状态中，走一步算一步，不知道自己未来的走向如何，更不知道自己可以朝着哪个方向走。不少人连初始的职业选择都存在着困难，很多人不知道自己能干什么、适合干什么、喜欢干什么。结果必然导致其做了一份自己不愿意做的工作，或者是做了一份不适合自己做的工作，可以想见，这样的话前途肯定堪忧。

那么，怎么才算有一个清晰明确的职业规划呢？

每个人都可以给自己的职业生涯进行一个规划，规划分成长期目标和短期目标。长期目标是指自己到达某一个年龄阶段时想达到的目标，而短期目标则是近期自己可以做到的程度。两种目标应该是协调一致的，具有可发展性。

同时，在制订目标之前，你首先要做的就是了解自己。一方面是了解自己的能力和特长，另一方面也是了解自己的性格特点及兴趣爱好，看能否达到完美的结合。如果不能，那么

○ 能力的陷阱

应该偏向于哪个角度发展则需要自己的理性选择了。

为此,你需要做到:

1. 清楚地知道自己能做什么

这是基础。而喜欢做的事情未必就有机会去做,或者说,适合自己做的事情也未必有机会去做。比如,通过职业倾向性测试可以了解自己适合做什么行业,但是现实却未必能给自己这个机会。所以,自己的能力和特长才是进入职场的基础,也是和其他人竞争的实力所在。

2. 了解自己的兴趣

自己喜欢做的事情,可以作为长远规划来处理。

现代管理学之父彼得·德鲁克有一句话:"我们大大高估了自己一年以后能够做到的事,却大大低估了五年以后自己可能做到的事。"因此,作为职场人士,究竟跳不跳槽,你不妨先问问自己:五年之后、十年之后、二十年之后,我的职业目标是什么?要达成这些目标,我还需要补充什么?意向中的那个职位究竟在哪些方面能帮助我提升?了解这些,才能有效避免盲目跳槽给你带来的弊端。

跳槽跳错,该如何"解套"

可能很多职场人士都遇到过这种情况:工作几年下来,业务熟悉、技能纯熟,但是薪水不变职位不变,自己感觉进入了职业发展的瓶颈期,不甘于原地踏步,于是,他们选择了常用的一种方法——跳槽,但是一段时间下来,发现自己跳错了槽。此时,又该怎么办呢?其实,这个时候不应该马上再离职或者索性错到底,我们需要对自己、现单位及职场状况进行全面的梳理,对自己进行准确的定位和合理的规划,再进行下一步的选择。

琳达属于很多职业女性羡慕的高薪一族,身为一家软件公司的项目经理,她的待遇在同行业是比较高的。原本她可以在自己的岗位上按兵不动、拿着人人羡慕的高薪,但她偏偏"不甘寂寞"。就在去年年底跳槽高峰月中,她被一家小公司允诺的高薪打动,一冲动便跳了过去。可当她真正参与工作时才发现,在新工作中自己常常被晾在一边。老板对她的工作总

◯ 能力的陷阱

是干涉过多，而她自己的想法也很难得到落实。琳达是喜欢挑战的人，但在这个岗位上她得不到任何锻炼和提升。她想离职，可又不甘心，不走的话，这样的工作状态又实在令她忍受不了。

琳达的这种情况估计在很多职场人士身上都发生过："没想到一次盲目的跳槽让我从此步入职业生涯的'熊市'，难道就从此被不利的环境套牢吗？有没有办法解套呢？"

对此，职场顾问为跳槽跳错的职场人士提供了以下几条妙招解套：

1. 坚持做满三个月，确定新岗位是否真的不适合自己

进入新公司，过了"蜜月期"后，各种问题就会一一暴露，或是与上司不和，或是环境不如意，或是低于自己的期望值，这些落差会让人留恋以前的工作，这在心理上叫做"前摄效应"，即前面的工作对后面工作的评价产生了负面作用。这种效应会让当事人觉得自己做错了决定，并想尽快跳槽。新公司虽然没有自己预期中那样美好，可是毕竟提供了一个更高的施展平台，坚持三个月后再做决定也不迟。

2. 寻找内部转岗机会

如果你确定你在现在的岗位上无法发挥你的优势，那

么，不妨直接向老板表达心声，让老板出面为你安排内部转岗，这会让你的岗位更换更加直接与顺利。

3. 理性规划二次跳槽

跳槽后，如果你发现自己真的无法适应新公司，或者新公司实在是糟糕，那么，你也大可不必惊慌，完全可以进行二次跳槽。不过这次跳槽不能再犯第一次跳槽的错误，至少有两点值得注意：第一，别过分重视职位与薪水；第二，别脱离自己擅长的领域。

4. 再回到原来的公司

一位35岁的高级经理遇到了这样的困惑：她所在的行业竞争激烈，所幸她在一家二流公司有一份非常舒服的工作，但大约6个月前，她跳槽去了业内另一家公司。这个新公司是行业领跑者，职位不错，只不过薪水比以前低一些，然而令其苦恼的是，她所在的部门运营糟糕，似乎不怎么受高层重视，新同事也都不是很友善，她大失所望。

如今她听说，原来的老板迫切想让她回去。她有点动心，想试探一下原老板是不是说真的，但这样好像是爬回去乞求收留一般。另外，她也不想草率行事。毕竟，要融入一个成功的团队需要时间。

○ 能力的陷阱

　　专业人士认为，回到原来的老板手下干活，从来都不是个坏主意。只有工作合不合适，而没有公司该不该回。跳槽失败，如果可以选择在以前的公司继续工作，一点问题没有，毕竟在以前的公司已经轻车熟路，人往高处走水往低处流，不应该搁不下面子，如果跳槽毫无意义，还是回去的好！

　　由此看来，职场人士跳错槽后不要懊悔，要有足够的耐心等待机遇来临，同时要吸取自己鲁莽跳槽的教训，尽快走出短暂的职业低谷。但无论怎样，面对跳槽失败，再做新的选择时，都要计划周密，长期奋战。

参考文献

[1]伊贝拉.能力陷阱[M].王臻,译.北京:北京联合出版公司,2019.

[2]齐宏.高效思考[M].北京:北京日报出版社,2021.

[3]公周.向上突围[M].北京:民主与建设出版社,2022.

[4]崔璀.职场晋升101[M].南京:江苏凤凰文艺出版社,2022.